坚守在云端

主　编　金泉才

副主编　娄海萍　鲍义祥

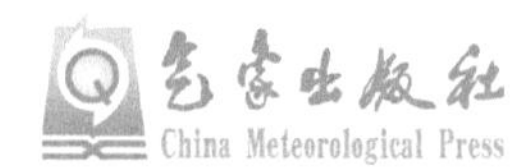

内容简介

位于青海省海南藏族自治州瓦里关山的中国大气本底基准观象台，是世界气象组织设立于欧亚大陆腹地的大陆型全球基准站和世界海拔最高的大气本底基准观象台，其观测数据代表欧亚大陆大气化学本底值，在全球大气化学过程科学研究、气候变化评估等领域有着极其重要的意义。

自1994年9月17日建台运行以来，一代代气象工作者克服环境恶劣、条件艰苦和孤独寂寥，坚守在海拔3816米的瓦里关山上，将确保台站仪器稳定运行作为首要任务，将精密监测一组组数据视为神圣使命，日复一日，年复一年，奉献了聪明才智和青春年华，连续30年的持续观测数据绘就了业界闻名的“瓦里关曲线”，在应对全球气候变化和我国开展环境外交、实施“双碳”战略等方面发挥着重要作用。

本书收录了中国大气本底基准观象台老一辈建设者的回忆文章、媒体刊发新闻作品、大事记等，见证了她沐浴着党和国家阳光雨露，在中国气象局党组和青海省委省政府正确领导和大力支持下茁壮成长的点点滴滴。本书收录内容大部分为党的“十八大”以来特别是近五年的重点工作及成就，不能完全涵盖建台30年来的各项业绩和感人故事。虽然有很多遗漏，但通过本书也可以看到中国大气本底基准观象台发展缩影和我国对全球应对气候变化工作的贡献。

图书在版编目（CIP）数据

坚守在云端 / 金泉才主编. -- 北京 : 气象出版社,
2024. 8. -- ISBN 978-7-5029-8274-4

Ⅰ. P4-242.442

中国国家版本馆CIP数据核字第2024HQ6596号

坚守在云端

Jianshou zai Yunduan

出版发行： 气象出版社

地　　址： 北京市海淀区中关村南大街46号　　**邮政编码：** 100081

电　　话： 010-68407112（总编室）　010-68408042（发行部）

网　　址： http：//www.qxcbs.com　　**E-mail：** qxcbs@cma.gov.cn

责任编辑： 蔺学东　王　聪　　**终　　审：** 张　斌

责任校对： 张硕杰　　**责任技编：** 赵相宁

封面设计： 楠竹文化

印　　刷： 北京建宏印刷有限公司

开　　本： 710 mm×1000 mm　1/16　　**印　　张：** 11.5

字　　数： 188千字

版　　次： 2024年8月第1版　　**印　　次：** 2024年8月第1次印刷

定　　价： 68.00元

中国大气本底基准观象台发展历程

1994年9月17日，中国大气本底基准观象台在青海省海南藏族自治州瓦里关山建成并挂牌。中国气象局副局长李黄（中）以及青海省领导和世界气象组织官员出席挂牌仪式

2004年7月30日，青海省政协主席桑结加（中）及部分政协委员到中国大气本底基准观象台调研参观

2005年8月18日，由中国气象局、世界气象组织、科技部、国家自然科学基金委员会等共同发起的“全球大气观测国际研讨会暨中国大气本底基准观象台十周年纪念会”在西宁召开，来自美国、加拿大等8个国家的19名国际代表以及国内有关部门的近百名代表出席会议，中国气象局局长秦大河和青海省副省长马培华出席会议

2005年8月，参加全球大气观测国际研讨会暨中国大气本底基准观象台十周年纪念会的中国气象局局长秦大河（前排左一）及中国科学院院士孙鸿烈（前排左二）在中国大气本底基准观象台调研指导工作

2005年8月18日，中国气象局局长秦大河（左）及中国科学院院士孙鸿烈（右）为“国家生态与环境野外科学观测研究站网络——瓦里关大气成分本底国家野外站”揭牌

2006年10月，青海省省长宋秀岩（右一）、副省长穆东升（右二）一行到中国大气本底基准观象台调研指导工作

2007年6月，青海省副省长邓本太（右二）到青海省气象局调研并到中国大气本底基准观象台西宁基地指导工作

2011年11月，外国专家在中国大气本底基准观象台与青海气象科技人员开展科学研究试验

2015年5月23日，中国大气本底基准观象台德力格尔研究员（中）和他率领的中国大气本底基准观象台温室气体本底浓度观测队获得周光召基金会“气象科学奖”

2015年7月，德国气象局局长一行到青海调研并前往瓦里关中国大气本底基准观象台参观

2019年11月16日，中国大气本底基准观象台建台25周年座谈会在青海省海南藏族自治州共和县召开。会前，青海省委副书记、省长刘宁（前排右五），中国气象局党组书记、局长刘雅鸣（前排左五），世界气象组织助理秘书长张文建（前排右四）等领导到瓦里关调研慰问

瓦里关，云端的坚守

在青海省海南藏族自治州瓦里关山上，有个不为常人所知的中国大气本底基准观象台。自 1994 年建台至今，一批批气象科技工作者前赴后继，默默坚守，为我国的气象事业和应对气候变化工作做出了巨大贡献。

中国大气本底基准观象台是世界气象组织在欧亚大陆唯一的全球大气本底基准观象台，在业内有非常高的声誉。该台目前已实现对温室气体、卤代气体、气溶胶、太阳辐射、放射性物质、黑碳等 30 个项目、60 多个要素的全天候、高密度观测，每天产生 6 万多个数据，基本形成了覆盖主要大气成分本底的观测技术体系和系统。

30 年来，坚守在这里的气象科技工作者持续观测温室气体二氧化碳、甲烷、氧化亚氮、臭氧、二氧化硫等，形成长时间序列的观测资料。他们用在线观测资料绘制出二氧化碳变化曲线，被称为“青藏高原曲线”或“瓦里关曲线”。他们取得的温室气体资料，也是《联合国气候变化框架公约》的支撑数据，其结论具有重要的政策指示作用。一些数据成为我国在国际舞台上进行气候谈判的第一手资料，促进国际社会在气候变化问题上达成共识和我国在世界气候变化谈判中话语权的提升。由于出色的工作，该台先后获得科技部野外科技工作突出业绩奖、周光召基金会“气象科学奖”，被科技部授予“国家野外科学观测研究站”称号。

中国大气本底基准观象台位于海南藏族自治州共和县瓦里关山，这里有号称世界上最纯净的空气，非常适合开展大气本底观测

2012年9月13日，世界气象组织主席、加拿大气象局局长戴维·格莱姆斯（右二）在中国气象局副局长沈晓农（右三）陪同下考察瓦里关中国大气本底基准观象台

2023年9月25日，青海省气象局党组书记、局长李凤霞（左二）前往中国工程院拜访杜祥琬（中）院士

2008年3月20日，德国气象专家组在瓦里关中国大气本底基准观象台考察

观测员王剑琼（左）与黄建青（右）运送物资到工作区

观测员任磊（右）是一名“90后”，大学毕业后就到瓦里关中国大气本底基准观象台工作，已能够胜任各项监测工作

每逢周三，观测员要抽取瓦里关的空气送往中国气象局和世界气象组织进行检测分析

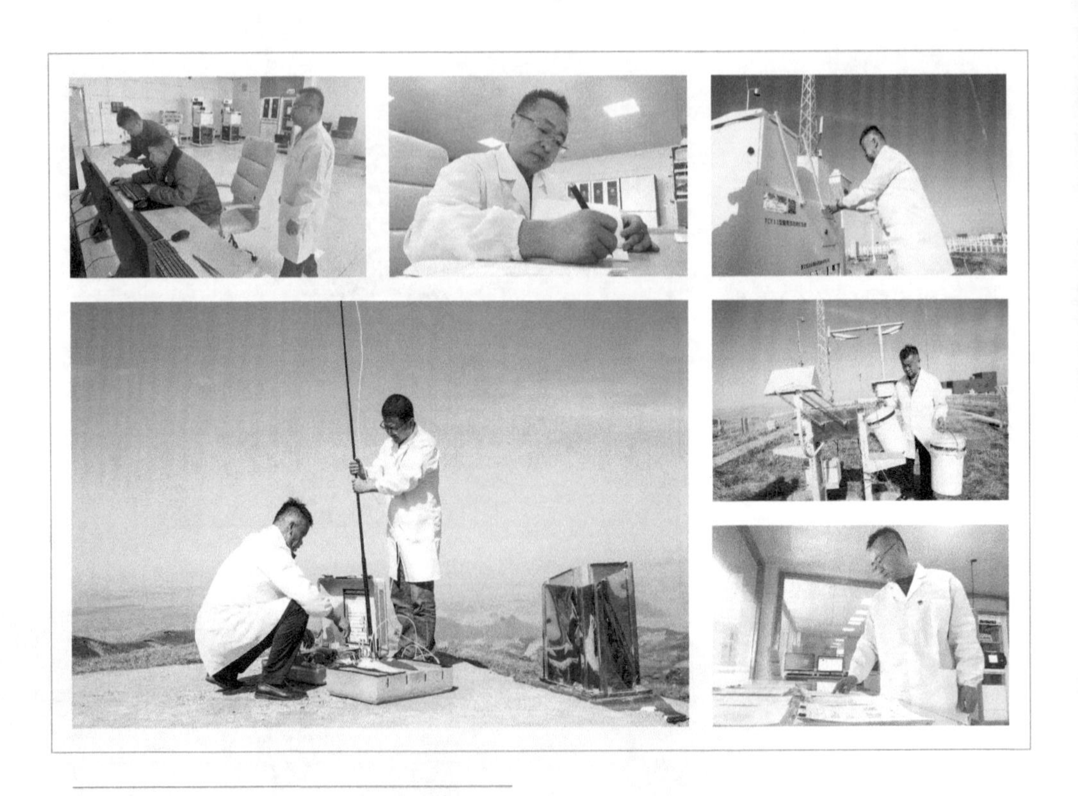

瓦里关中国大气本底基准观象台工作掠影

布设在海南藏族自治州瓦里关山上的新一代天气雷达

瓦里关本底台全景

银装素裹下的瓦里关本底台

瓦里关本底台航拍

CONTENTS

目录

中国大气本底基准观象台发展历程

瓦里关，云端的坚守

第1章

亲切关怀

积极参与全球气候治理
助力生态文明建设

2019 年 11 月 16 日，中国大气本底基准观象台（以下简称“本底台”）建台 25 周年座谈会在青海省海南藏族自治州共和县召开。青海省委副书记、省长刘宁，中国气象局党组书记、局长刘雅鸣，世界气象组织助理秘书长张文建出席会议并讲话。

座谈会上，青海省委常委、副省长严金海致辞，中国工程院院士徐祥德发言，中国工程院院士、国家气候变化专家委员会名誉主任杜祥琬发来贺信。青海省气象局、中国气象局综合观测司、海南藏族自治州政府和本底台主要负责同志作交流发言。

本底台位于海拔 3816 米的瓦里关山顶，既是世界气象组织全球大气观测系统的 31 个全球基准站之一、目前欧亚大陆腹地唯一的大陆性全球基准站，也是国内唯一的全球大气本底台。自 1994 年成立以来，本底台陆续开展了温室气体、卤代气体、气溶胶等 30 多个观测项目，其温室气体观测资料是《联合国气候变化框架公约》的支撑数据，具有非常重要的政策指示作用。本底台根据多年积累的观测资料绘制的二氧化碳变化曲线被称为“瓦里关曲线”，成为我国应对气候变化、参与全球气候治理的关键成果，为世界气象组织评估全球气候变化提供了重要依据。

会议认为，中国气象局和青海省政府共同纪念本底台建台 25 周年，是深入贯彻习近平新时代中国特色社会主义思想和党的十九届四中全会精神的具体实践，对推动本底台积极参与全球气候治理和实现更高水平气象现代化、促进青海生态文明建设具有重要意义。

刘宁指出，青海地处全球气候变化敏感区，本底台成立 25 年来，观测水平不断提高、科技创新成果丰硕，“瓦里关曲线”记录着青藏高原乃至全球气候变化的脉搏，为我国乃至全球气象事业发展和应对气候变化提供了可靠的技术支撑，也见证着青海保护生态环境的巨大努力。他表示，大力支持本底台发展，是贯彻落实习近平总书记对青海“三个最大”定位要求、建设国家公园示范省的应尽职责。青海将不断加大省部交流合作力度，加强协调联动，进一步保护好探测环境、支持好科研工作、发挥好本底台作用，深入开展青藏高原大气成分变化研究、评价、预测等工作，不断推动本底台各项工作再上新台阶。

刘雅鸣指出，本底台的不断发展壮大，是党中央正确领导和社会各界关心支持的结果，也得益于青海省委省政府践行绿色发展理念保护探测环境的积极行动、世界气象组织的大力支持和国际交流合作、本底台全体干部职工的坚守奉献和管理运行体制机制的有效保障。她希望本底台为建设社会主义现代化气象强国继续做出表率，努力成为全球生态文明建设的贡献者、中国气象开放合作的示范者、推进青海省委省政府“一优两高”战略的践行者、培育高原气象科技人才的引领者、全国气象人优良传统的代表者。中国气象局将坚持以全球视野推动国际交流合作，坚持深化省部合作，夯实发展基础，坚持强化内外协同，提升科技创新水平，汇集合力，推进本底台在新时代取得新成就。

张文建表示，本底台在全球大气环境和气候变化监测中发挥着独一无二的重要作用，是中国承担大国责任、履行国际义务的集中体现。他希望本底台继续保持高质量平稳运行，成为世界气象组织“百年观象台”，不断加强科研成果在国内外的应用，为经济社会可持续发展做出更大贡献，并为中国参与全球治理、构建人类命运共同体等重大国际议题及活动提供重要科技支撑。世界气象组织将进一步加大支持力度，扩大科学家来华合作交流规模，推动更多“中国智慧”“中国方案”助力和引领全球气象事业发展。

会前，刘宁、刘雅鸣、张文建、严金海一行前往瓦里关山调研本底台并慰问一线干部职工，对台站职工长期坚守艰苦环境取得的各项成绩给予充分肯定，并参观了建台 25 周年成果展。

2019年11月16日，中国大气本底基准观象台建台25周年座谈会在青海省海南藏族自治州共和县召开。会前，中国气象局局长刘雅鸣（中）、青海省省长刘宁（右三）等赴瓦里关基地慰问

来源：中国气象局网站（2019年11月18日）

作者：金泉才 王若嘉 张琪 叶海年

聚焦国家重大战略　立足地方经济社会发展　推进“十四五”青海气象事业高质量发展

2021年3月24—26日，中国气象局党组书记、局长庄国泰一行赴青海调研气象服务保障国家战略部署、地方经济社会发展及基层气象部门党的建设、改革发展等情况，慰问艰苦台站干部职工。庄国泰要求青海气象部门聚焦国家重大战略，立足地方经济社会发展，推进“十四五”青海气象事业高质量发展。

巍巍高原春寒料峭，海拔3816米的瓦里关山上坐落着我国唯一的中国大气本底基准观象台（瓦里关全球大气本底站，以下简称“本底台”[①]）。庄国泰详细了解本底台建设运行及各种观测数据采集情况。他指出，本底台在我国应对气候变化工作中发挥着独特作用，一定要建设好、保护好、管理好，高质量做好观测工作，

2021年3月，中国气象局局长庄国泰（左二）在青海省副省长刘超（左三）陪同下在海拔3816米的瓦里关中国大气本底基准观象台观测平台了解仪器观测情况

① 本书中瓦里关中国大气本底基准观象台，又名瓦里关全球大气本底站（世界气象组织对台站功能定位）、瓦里关国家大气本底站（中国气象局综合观测司关于全国大气本底站点区分），或简称“瓦里关本底站”。名称因工作、宣传侧重点有所不同。

充分利用各类观测数据资料，为我国应对气候变化，实现碳达峰、碳中和提供科技支撑。

2021 年 3 月，中国气象局局长庄国泰（前排左五）、青海省副省长刘超（前排右五）在海拔 3816 米的瓦里关山上与中国大气本底基准观象台干部职工合影

在海南藏族自治州、海北藏族自治州，庄国泰听取州气象局工作汇报，赴海北藏族自治州刚察县气象局、牧业气象试验站，调研国家基准气候站及祁连山生态分中心、高寒生态野外试验基地等运行情况，并与一线职工深入交流。他强调，要找准地方经济社会发展需求，强化联动机制，形成工作合力，切实做好气象防灾减灾和生态文明建设气象服务保障工作，抓好基层人才队伍建设。

在青海省气象局，庄国泰深入青海省气象台、气象科学研究所、气象灾害防御技术中心等单位调研。在听取青海省气象局党组工作汇报后，庄国泰对青海气象工作给予充分肯定。他指出，青海省气象局党组全面贯彻落实习近平总书记关于气象工作重要指示精神，推动中国气象局党组和青海省委省政府决策部署落地见效，全省气象干部职工发扬艰苦奋斗精神，甘于奉献、勇于进取，在服务保障生态文明建设、筑牢防灾减灾第一道防线、推进气象现代化建设等方面取得积极成效，为青海经济社会发展做出了重要贡献。

2021 年是中国共产党成立 100 周年，是“十四五”开局之年。庄国泰要求青海气象部门，进一步增强政治意识，准确把握事业发展面临的新形势、新要求、新任务，以高度的政治责任感和历史使命感，科学谋划“十四五”青海气象事业高质量发展，推动各项工作再上新台阶。

庄国泰强调，要把深入学习贯彻习近平新时代中国特色社会主义思想、党的十九届五中全会精神与全面贯彻落实习近平总书记关于气象工作和对青海的重要指示精神有机结合，立足新发展阶段、贯彻新发展理念、构建新发展格局，加强理论学习，推动改革创新，真正把学习成果转化为青海气象事业高质量发展的强大动力和具体成效。要认真开展好党史学习教育，各级党组（党委）要扛起主体责任，领导干部以上率下，坚持规定动作和自选动作相结合，切实为群众办实事解难题，确保学有所思、学有所悟、学有所得。要精心谋划青海气象事业“十四五”高质量发展，准确把握青海特色，强化部门协同联动，与青海省和中国气象局“十四五”规划有效衔接。要聚焦国家重大战略、立足地方经济社会发展，不断提高生态文明建设气象服务保障能力，为青海实现碳中和、碳达峰提供坚实支撑，定期开展气候变化影响评估并推进建立相关标准规范，结合灾害特点更好发挥气象防灾减灾第一道防线作用。要进一步提高气象现代化水平，坚持以用为本、以问题为导向，加密地面观测盲区，强化卫星观测和遥感应用，做好重要天气过程总结分析，强化科技创新，监测精密、预报精准、服务精细，努力做到精益求精；要加强党的建设，牢固树立政治机关意识，落实好气象系统全面从严治党工作会议精神，深入践行“三严三实”，以高质量党建保障气象事业高质量发展。

其间，庄国泰与青海省委书记、省人大常委会主任王建军，省委副书记、省长信长星，省委常委、统战部部长公保扎西，副省长刘超就推进青海气象事业高质量发展进行广泛交流并达成一致意见。

来源：中国气象局网站（2021 年 3 月 28 日）

作者：金泉才 袁志强 叶海年 娄海萍

发挥特色优势　勇攀科研高峰
坚定不移走可持续发展道路

2023 年 12 月 4 日，青海省委书记、省人大常委会主任陈刚赴海南藏族自治州共和县调研，强调要深入贯彻落实习近平总书记关于科技创新的重要论述，以科技创新为支撑，发挥特色优势，勇攀科研高峰，为青藏高原生态文明建设和绿色低碳高质量发展提供科技平台支撑。

2023 年 12 月 4 日，青海省委书记、省人大常委会主任陈刚（右一）赴瓦里关本底台调研慰问

位于共和县瓦里关的中国大气本底基准观象台（简称“瓦里关本底台”），是欧亚大陆唯一开展全球大气本底观测的台站，提供着全球和我国应对气候变化的重要

科学数据。陈刚一行驱车来到瓦里关山顶，详细了解瓦里关本底台的建设背景、监测项目、科学地位、科学贡献、队伍建设等情况，向坚守一线的科研技术人员表达问候。他指出，瓦里关本底台建成近30年来的点滴数据，记录下了中国推进碳达峰、碳中和的印记，记录下了中国共产党人推进清洁能源建设实现高质量发展的路径，记录下了中国推动构建人类命运共同体的大国担当，记录下了青海生态环境更加科学精准的本底情况。要进一步提高站位、凝聚共识，深刻认识瓦里关本底台在科研领域的重大意义、科研工作者担负的重大责任和光荣使命，推进高水平科技自立自强。要进一步提升观测水平和科研能力，加大科研人才留学深造、学术访问、对外交流力度，努力发挥学科带头人作用，多出高标准科研成果。要进一步弘扬奉献精神，不畏艰苦担当历练，在气象科研一线磨炼意志、增长才干，积淀下厚重的人生。要进一步加大帮助和支持力度，在科研立项、人才培养、资金支持、属地服务保障等方面给予倾斜，打造一支特别勤劳、特别钻研、特别精益求精，于细微之处见功夫的科研队伍。

2023年12月4日，青海省委书记、省人大常委会主任陈刚（前排中）
在瓦里关中国大气本底基准观象台与干部职工亲切合影

来到共和县城北新区供热站，陈刚看展板、听介绍，查看换热器、热泵机组供热设备，听取共和盆地地热清洁供暖、全省地热资源开发利用等情况介绍。他指出，要深入开展战略性资源绿色勘探，坚决做到取热不取水，加强地热能技术推广应用和示范，统筹资源情况和市场需求，充分调动企业积极性，探索有利于地热能开发利用的新型管理技术和市场运行模式，认真研究地热发电等关键技术，确保实现可持续发展。

在共和盆地干热岩勘查与试采基地，陈刚询问干热岩勘查与试采进程，实地查看干热岩试采井组、发电机组运行情况。他指出，要深化干热岩、地热能等清洁能源开发利用研究，摸清干热岩资源家底，攻克干热岩规模化开发利用、多能互补和地质储能等关键技术，推动干热岩产业化发展和能源结构优化，加快建设新型能源体系。

青海省委常委、秘书长朱向峰，青海省人大常委会副主任、海南州委书记吕刚一同调研。

来源：《青海日报》（2023 年 12 月 5 日）

记者：薛军

传承“两弹一星”精神
中国青年英才论坛主论坛举行

2023年9月6日，以“传承·奉献·创新——致敬科技先辈，致力智地双赢”为主题的“传承‘两弹一星’精神　中国青年英才论坛主论坛”在西宁举行。青海省委书记、省人大常委会主任陈刚，中国科协专职副主席、书记处书记孟庆海分别致辞，青海省委副书记、省长吴晓军，第十四届全国政协社会和法制委员会副主任、中华全国总工会副主席江广平出席。

陈刚、吴晓军、孟庆海、江广平为入选“两弹一星”精神传承基地的瓦里关中国大气本底基准观象台、青海大学三江源生态与高原农牧业国家重点实验室、潘彤工作室、山东援青干部管理组授牌。中国工程院院士、中国工程物理研究院原院长胡思得，中国科学院院士、厦门大学化学化工学院教授谢素原作主旨报告。瓦里关中国大气本底基准观象台大气本底监测站站长王剑琼作主题发言。

2023年9月6日，传承“两弹一星”精神　中国青年英才论坛在青海省西宁市举办。

图为与会领导为“两弹一星”精神传承基地授牌

陈刚代表青海省委省政府向铸就“两弹一星”不朽丰碑的老一辈科学家和科技工作者们致以崇高敬意，向长期以来关注和支持青海发展的院士专家和青年英才表示衷心感谢。他说，“两弹一星”精神跨越时空、历久弥新，激励和鼓舞了几代人，是中华民族的宝贵精神财富。我们既要缅怀铸就辉煌的先驱，也要赞美为党、为祖国、为人民、为民族复兴不懈奋斗的奋斗者。传承伟大精神，要深学笃行习近平新时代中国特色社会主义思想。用党的创新理论统一思想、统一意志、统一行动，坚定拥护“两个确立”，坚决做到“两个维护”，为加快建设科技强国和社会主义现代化强国贡献智慧和力量。奉献伟大祖国，要投身爱国报国强国的火热实践。把个人追求和国家需求紧紧结合起来，接过时代接力棒，在传承弘扬红色精神中培养爱国之情、砥砺强国之志、实践报国之行，造福祖国、造福人民。创新伟大事业，热切期待大家共同助力现代化新青海建设。今天的青海比历史上任何时期更需要人才、更能成就人才。诚邀大家走进青海、了解青海、建设青海，有更多灵感来自这片高天厚土，把更多成果转化在高原大地，让“两弹一星”精神在青海再结硕果。

孟庆海代表中国科协对论坛的举办表示热烈祝贺。他说，青海是“两弹一星”精神重要发源地之一，在这片激情燃烧的热土上，以邓稼先等为代表的一批科学家不畏艰难、以身奉献、以身许国，把个人理想自觉融入国家发展伟业，为祖国和人民做出了彪炳史册的重大贡献，是“干惊天动地事，做隐姓埋名人”的民族英雄。要高举“两弹一星”精神火炬，共同学习和感悟老一辈科学家特别是“两弹一星”元勋的光辉事迹，牢记国之大者，把论文写在祖国大地上，勇做高水平科技自立自强的排头兵。中国科协是党和政府联系科技人才的桥梁和纽带，始终深学笃行习近平总书记关于科技创新的重要论述，牢牢把握“四服务”的职责定位，按照“科技人才 + 科技创新、科学普及、科技咨询”四位一体的工作格局致力于引领广大科技工作者弘扬优良传统、厚植家国情怀、坚持人民至上、勇攀科学高峰。希望通过论坛的举办，让广大青年科技人才得到精神滋养，搭建起服务青海的智力平台，为西部地区经济社会高质量发展提供科技和智力支撑，用精神之光照耀高水平科技自立自强之路。

青海省委常委、组织部部长赵月霞主持。中国工程院院士、国际宇航科学院院士戚发轫，中国工程院院士、战略支援部队某技术研究中心研究员张宝东，中国工程院院士、北京应用物理与计算数学研究所研究员胡晓棉，青海省委常委、秘书长朱向峰，副省长杨志文，省政协副主席李晓南出席。

中国工程物理研究院、俄罗斯工程院专家学者，国家部委、科研院所、中央企业、兄弟省（区、市）党委组织部有关负责同志及青海省相关单位和人才代表参加。

来源:《青海日报》（2023 年 9 月 7 日）

记者：莫昌伟

第2章

岁月如歌

名山瓦里关

青藏高原这块二百五十万平方千米的巨大高地，聚积了太多的名山大岳。十几年前，乘飞机由北向南横穿高原，从万米高空俯瞰高原，地面如同一幅随意布局但精心雕琢的巨大地貌沙盘，或山脉纵横，或雪峰林立，层峦叠嶂，连绵起伏，山峦沟壑拥挤着，簇拥着，密不透风。

瓦里关山是祁连山东段向青藏高原腹地深入最南的一支余脉，蜿蜒于黄河之滨、青海湖之南。

二十年前的一次偶然机会，登上过这一海拔近四千米，相对高度五百米的高山。登临的情景记忆犹新：一条不宽的土路从主干道分路，在草丛中向南曲曲弯弯延伸，随着车速的降低，地势迅速抬高，很快，一座横贯的大山挡住了视线，举首望去，山势陡峭，山峰直刺天空，山腰云缠雾绕，大有“一夫当关，万夫莫开”的气势。

此后的日子，因工作关系常到山上来，已有十年的时光。

登上山顶，人被推向了空中，四周一片空旷，一种“一览众山小”的感叹油然而生。闲暇来，独自一人行走在山脊的各处，看天空，看云朵，看山下的河谷，看远处的草原，忘却闹市的喧嚣，图一时的清静和独处。

瓦里关山并不大，在高原众多有名或无名的山脉中称得上“小个头”，但拥有的力量巨大，由于瓦里关山的阻挡，黄河在此改变了流向，由北掉头向东流去。黄河在山下转向的同时，硬是在岩石中钻出了一条通道，巨流瞬间沉入深山峡谷中，消失在万丈岩壁之间，宽阔慢流的大水变成了一条细长水线，与峡谷在群山间缠绕迂回。人站在陡峭的崖上向河底望去，只闻其声，不见其形，立刻头晕目眩，不敢向前靠近一步，惊险之极。

我无数次遐想，如果没有瓦里关山，黄河不会像现在一样，从青海东部流出，而应该从青海北部的某一点，横穿祁连山进入浩瀚的西北戈壁原野。现实若果真是这样，河西走廊、内蒙古西部乃至新疆东部的大片地区，可能是一望无际的绿色世界。

20 世纪 80 年代，围绕瓦里关山引发了一项动议。它就是在国际组织的援助下，在瓦里关山建立全球大气本底观测站。在瓦里关山顶树立起当时堪称中国第一高的气象观测塔，把世界气象组织的大型蓝绿相间的徽章高高地托起在高原的天空，从此瓦里关山的名气播向世界各地。多年来，很多出国回来的同行说，在国外知道青海的人不多，但一提起瓦里关很多人便会点头应答，由此可见瓦里关的名气之大。

二十载日夜，一条二氧化碳变化曲线在工作人员的辛勤付出下绘制出来，这一条不断向上翘起的曲线看似简单，但它有力地证明了全球大气中二氧化碳不断增加的事实。2010 年春天，各国首脑汇聚丹麦哥本哈根讨论气候变化，中国政府力排众议，毫不犹豫地申明自己的立场，其中一个重要的原因是我国自己有在瓦里关监测到的温室气体第一手资料。

五年前，大气本底监测国际会议在青海召开，世界气象组织的代表赶来参加，来自三十多个国家的近百名专家学者涌上了山顶，研讨气候变化和与气候变化有关的学术问题。这次会议可与近年来一些气候敏感国家在海底水下、雪山顶上、沙漠深处召开气候会议相媲美。

瓦里关山面积十分狭小，由两个小山头组成，大气观测站在西边的山头，实验室和各种设施占据了不太大的空间，平时山上只有两人值班，显得十分安静。隔三岔五有车上山来，补充给养、送水、换班等，人一来便立刻打破了“二人世界”的寂静，山上立刻有了笑声、呼喊声。来人不能久留，补给的车很快离去，山头又回归宁静。

晴朗的日子从瓦里关山向四周眺望，方圆五六十千米的景物皆在眼前，云从脚下升腾，忽近忽远，飘浮不定，龙羊峡水库的巨大水域在阳光下闪烁粼粼波光，水天一色；越过柳梢沟山，青海湖像蓝色宝石静卧在天地相接处；西麓侧是著名的丹霞地貌区，红黄绿灰相间的裸露土山，有的像蘑菇，有的像破土而出的竹尖，密密麻麻，拥挤在一起，齐齐地向天空蹿起；山的北面草原碧绿无边，牧舍村庄，炊烟袅袅；山的东面，野牛山的积雪银光闪烁，有时还会看到雄鹰在雪峰间翱翔。夏季的瓦里关山由一片绿色海洋所包围，空气中弥漫着草香，五彩缤纷的野花开满山坡，成群的牛羊在草丛中浮动，不时会听到牧羊姑娘的歌声。

最为壮观的还是每天的傍晚，斜阳下云层火红，山脉、河流、草原橘红，大块的山影与蓝天、红云、绿草、黄土相交相叠，此时瓦里关色彩纷呈，气势磅礴，景色美不胜收。很快太阳沉下，红云褪去，一轮满月缓缓升上东方的天空，千万道银辉洒向大地，远山近水又成为银色原野。

有位加拿大科学家来瓦里关工作，全部工作安排在夜里，白天早出晚归，整天游走于各个角落，拍照摄影。他说，瓦里关山的景色胜过美国科罗拉多大峡谷的风景，瓦里关山不仅雄伟、壮观，更有几分秀丽。他建议，政府应把这里开辟为景区，供人参观游览。

东面的山头是当地藏族部落的煨桑台和高高隆起的石堆敖包，经幡和彩条在强劲的烈风中迎风招展。每到夏季，当地牧民在这里举行盛大的煨桑活动，彪悍威武的男子们或骑马或骑摩托车或驾着汽车上山来，顷刻间，煨桑台周围人头攒动、马嘶车鸣，把个小山头围得水泄不通。随着煨桑仪式的开始，桑烟缭绕，飞马旋转，法号高奏，一幅庄重而神秘的佛事活动由此拉开。

如此这般，一个现代科学的象征物——大气观测站，一个古老的宗教场所——煨桑台，两个毫不相干的标志物，拥挤在一块不大的山脊上，和睦相处，相安无事，维系着瓦里关山的神秘、圣洁与享有盛誉的声誉。

如果说虔诚的牧人把瓦里关当作神山，顶礼膜拜，那么肤色不同的科学家则把瓦里关当作探索科学奥秘的最佳地点，不失时机，不辞辛苦，不畏缺氧，千里迢迢赶过来，有的多次往返，有的甚至一干就是若干年，这就是瓦里关的魅力所在。

我在想，世上名山是自然和人为双重作用的结合体，瓦里关山便是其中之一。自然元素是固有的，天造地设，而人为元素可以是宗教的、历史的、某一特定事件的，如两者完美地结合，才能担当起名山的美誉。依我的观点和欣赏水准，瓦里关山具备了形成名山的两个元素。在这里自然和人为因素相互映衬，相辅相成，相得益彰。

这就是名山瓦里关。

作者：德力格尔（中国大气本底基准观象台原台长）

中国大气本底基准观象台建台记：1994年前后气候变化“小众时代”的一次重要抉择

在刚刚过去的2021年，“双碳”（碳达峰、碳中和）是毫无争议的焦点，还有人称这一年为碳中和行动“元年”。作为一个曾经在气候变化监测领域工作过的老气象工作者，看到应对气候变化从一个少数群体关注的“小众问题”，到如今成为全球共识，真是心情激荡，感慨万千。

大约30年前，也有一个与应对气候变化有关的“元年”，那就是1994年9月17日瓦里关中国大气本底基准观象台在青海正式建成并投入业务运行。从这里开始，在全球大气本底基准观测和温室气体观测等领域，中国气象开始“权威发声”。

中国大气本底基准观象台（以下简称“瓦里关本底台”）坐落在青海省海南藏族自治州共和县境内瓦里关山山顶上，海拔3816米。瓦里关本底台是世界气象组织（WMO）全球大气观测系统（GAW）的32个全球基准站之一，是目前世界上唯一地处欧亚大陆腹地、大陆型的全球基准站。

从1989年6月开始，瓦里关本底台克服重重困难，在国际国内同心协力下，历时5年多，终于在1994年9月17日正式建成并投入业务运行。

（一）

1979年11月，中国政府组织海洋气象科技代表团访问美国。中央气象局负责人邹竞蒙率队在美国8个城市参观了20多家气象科技单位，其中包括设在夏威夷群岛上的冒纳罗亚大气本底监测站（MLO）。

通过这次参观访问，大家深刻认识到，中国与美国相比，在天气预报、数值模式、气象服务、监测仪器等方面落后许多。他们还注意到，在一个新领域，即大气成分监测、空气污染预报及控制，美国已有多年经验和积累，而我国却是“空白”。

邹竞蒙激动地说：“我们要对我国十多亿人口负责，要对全球负责，我们这一代人不去抓大气监测和控制工作，对下就无颜面对子孙。”

在邹竞蒙的倡导和主持下，我国很快着手建设大气本底监测站网，并于 1981 年及 1983 年先后在北京上甸子和浙江临安建起了两个区域性大气本底污染观测站。始于此，我国正式开始降水化学、大气混浊度及气溶胶等项目的观测和研究。

（二）

近半个世纪以来，科学研究表明，日益增加的人类活动导致大气成分变化，进而影响到天气和气候，带来了全球变暖以及空气质量下降等问题。今天，这已成为共识。但在大约 30 年前，它仍属“小众”认知。

当时，邹竞蒙敏锐地提出，中国必须在内陆或高原建立一个高标准、全球性的大气本底基准观象台，以加强全球对温室气体的监测及气候变化的研究，其揭示的现象和研究的成果也将是我国可持续发展和进行有关气候与环境变化国际公约谈判的基础资料和科学依据。

时任世界气象组织（WMO）主席邹竞蒙的这个提议一经提出，马上得到了国际社会的重视，并由此促成了中国、美国和 WMO 的会谈。三方签订了关于在中国西部地区建立大气本底监测基准站（以下简称“本底站”）的合作计划。

事后证明，这是一次极具历史眼光的决策。

（三）

从 1986 年起，中国气象科学研究院在国家气象局（现中国气象局）的指示下，多次派人到云南、四川进行考察选址。1989 年 6 月，时任中国气象科学研究院副院长姚瑞新带队来到青海省考察选址。

WMO 规定的本底站环境条件十分严苛，它要求以本底站为中心、半径 50 千米范围内的自然地貌在 50 年内不能有明显改变。

当时青海省气象局对在青海境内建设本底站的认识是不一致的，有人认为，青海气象部门底子薄，如果再要维持本底站长期有效的工作，恐怕难以完成。

青海省气象局及时召开领导班子会议，交流思想、深入研讨，最后取得了共识。大家认为，青海地域具有建立本底站得天独厚的优越环境条件，承担大气本底监测和研究工作是青海气象工作者义不容辞的光荣历史任务。青海省气象局做出了3项决定：

在全体职工中广泛宣传在青海建立本底站的重要意义，动员职工为本底站工作贡献力量；

向青海省政府汇报，取得地方政府对在青海建设本底站工作的支持，并申请政府立法对站址环境给予保护；

派员配合中国气象科学研究院一起勘察，在青海省内选择最佳的站址，力争将本底站建在青海。

勘察组用了10多天时间深入刚察农牧区、天峻草原、河卡山区、昆仑山垭口和五道梁高原等地进行考察，开展社会调查和空气采样工作，经综合分析，最终将站址锁定在海南藏族自治州共和县瓦里关山——地势孤立、视野开阔，有较好的空间及环境代表性；具备供电、用水及道路等基础条件，同时基建投资费用较低，日常管理及后勤保障等都较方便。最后，这个意见得到了国家气象局（现中国气象局）的同意。

（四）

预选站址确定后，中外有关专家、WMO官员开始前往瓦里关山，对周边地理环境进行考察，采集空气样品并开展大气成分元素观测，着手站址的科学论证工作。

前期筹建工作不乏危险艰辛。为满足瓦里关本底台前期可行性研究的需要，海南藏族自治州气象局抽派科技人员上山昼夜值班，开展为期一年的地面气象要素的连续观测等。精神的供养成为毅力和体力的强大支撑，气象工作者克服了各种艰苦条件，坚守岗位，扎实工作。为期一年的前期观测一天不落，全部完成。

现场观测资料等表明：瓦里关山有关资料与GAW的全球资料具有很好的对比性。瓦里关山作为全球大气基准观测站的代表性得到了中外专家的一致确认。

（五）

1992 年 3 月，邹竞蒙代表中国与 WMO/GEF（全球环境基金项目）在关于共同建立中国青海瓦里关全球大气本底基准观测站的协议书上签了字。根据协议，中国承担开展正常工作所需的基本条件建设投资，并承担资料报送的义务；WMO 无偿提供仪器装备、技术支持及人员培训。

随后，邹竞蒙在 WMO 有关会议讲话中指出："保护全球气候是国际社会关心的重要问题。我作为 WMO 主席，积极支持各会员国对此所做的努力，并将把建立这样的站作为国际合作的范例；我同时作为中国驻 WMO 常任代表，将尽最大努力与各会员国和 WMO 密切合作，尽早使瓦里关基准站投入业务运行，为保护全球气候做出贡献。"

当时，瓦里关本底台被命名为"中国大气本底基准观象台"，英文书写为"China Global Atmosphere Watch Baseline Observatory"（英文简称 CGAWBO）。瓦里关本底台正式投入运行的时间确定为 1994 年。

（六）

在荒僻的山顶和严酷的高原环境里进行房屋修建，其困难可想而知。建筑材料要从 140 多千米外的西宁运来，大量的用水都得从 20 多千米外往山上送。当地气候恶劣，无霜期又短，但在各方紧密配合下，不到三个月时间就完成了房屋主体及外装修工程。

随着工程推进，中外专家开始陆续安装大气本底监测仪器设备，并进行细致调试。1994 年 1 月 1 日起，开始业务测试运行。

（七）

1994 年 9 月 15 日，WMO 代表联合国开发计划署和中国政府同时在日内瓦和北京举行新闻发布会，郑重宣布："世界上海拔最高的监测臭氧和温室气体的观象台即将在中国开始工作。"

1994 年 9 月 17 日，在瓦里关山举行的挂牌仪式上，中国气象局副局长李黄代表邹竞蒙郑重宣告：中国大气本底基准观象台（台站编号为"WLG236N10"）正式建成并开始业务运行！会后，WMO官员和中国、美国、加拿大及澳大利亚等国气象专家考察了瓦里关本底台各类仪器设备及业务运行情况，都给予了很高的评价。

（八）

自1989年开始站址考察论证以来，青海省气象局和中国气象科学研究院的同志们在海拔3800多米的艰苦环境下，怀着高度的专业心和责任感，在本底台的站址选择、试验论证、工程建设、设备安装调试、试观测等过程中，精心组织，科学论证，边学习、边实践，克服了种种困难，完成了瓦里关本底台的建设任务，为我国大气监测业务发展做出了重大贡献。

1995年4月3日，中国气象局发布《关于表彰中国大气本底基准观象台建设有功人员的通知》，决定对徐建伟、阳燮、朱庆斌、季秉法、张晓春、周秀骥、温玉璞、汤洁、代金浩及周恒10名同志给予表彰。希望全国气象工作者向瓦里关本底台建设工作中做出贡献的同志们学习，继续发扬艰苦创业、勇于创新的精神，为气象事业的发展而努力奋斗。

来源：《中国气象报》（2022年1月19日）

作者：徐建伟（青海省气象局原局长）

第3章

坚守云端

“草原之子”的气象生涯

——记中国大气本底基准观象台研究员德力格尔

一个从柴达木盆地草原走出的蒙古族汉子，凭借满腔热爱，将毕生心血献给了高原气象事业发展。他担任中国大气本底基准观象台台长13年，在高海拔、孤独寂寞的环境中，默默无闻地实现着自己的人生价值。日前，由他带领的温室气体本底浓度观测团队荣获2015年度周光召基金会气象科学奖。他，名叫德力格尔。

由于修建青藏铁路对气象科学考察的需要，德力格尔进入青海省气象部门，成了一名光荣的少数民族气象工作者。

1976年至1979年，他在兰州大学系统学习气象知识，为后期开展基础观测、管理、科研等工作打下了良好基础。

“如果说我在近40年的气象生涯中取得了一点成绩，首先离不开党和国家的培养。如果国家没有把我招进气象部门，一个草原放羊娃不会成为气象工作者。其次，离不开广大同事、前辈、老师、领导的鼓励、支持和赏识。”如今，退休后的德力格尔如是说。

从事气象工作以来，德力格尔从不放弃对专业的学习、思考、研究，看专业书、搞业务工作、交业务朋友成为他的兴趣和爱好。从草原放羊娃成为气象工作者，成为领导干部，成为正高级工程师，又获得周光召基金会气象科学奖，他一步步走来，正是因为有坚持、勤奋工作、干一行爱一行的精神支撑。

德力格尔对年轻时在唐古拉山工作的经历记忆犹新。为做好青藏铁路建设前期的科考工作，20世纪70年代，德力格尔和同事在楚玛尔河地区开始气象观测。那时的楚玛尔河地区几乎天天有大风，他每天早上的第一件事就是清除掩埋帐篷门的积沙，常常灰头土脸，眼睛、牙缝、耳朵里面都是尘土。科考队当时有很多来自北京、南京等地的著名气象科学家，他们渊博的学识、严谨的治学态度对德力格尔产生了深刻影响。

大学毕业后，德力格尔曾先后在青海省气象科学研究所、青海省气象台、格尔木市气象局、青海省气象局、青海省人工影响天气办公室等单位工作。变的是工作岗位，不变的是他对气象事业的热爱。在青海省气象台当预报员期间，他独创了很多适合预报高原天气的技术和方法，成功预报 1985 年“10·17”青海南部特大雪灾，获得青海省政府表彰。在任青海省人工影响天气办公室主任期间，他推动组织进行了黄河上游人工增雨试验。多年来，在青海省农牧业气候区划、人工影响天气研究、空气质量预报等方面，他都有所贡献。他曾先后获得“青海省十大青年科技工作者”“全省抗灾保畜先进个人”等荣誉称号。

2001 年 11 月，德力格尔任中国大气本底基准观象台台长。建于 20 世纪 90 年代初的中国大气本底基准观象台，是代表亚欧大陆大气本底的全球基准观象台，是国际著名的大气化学本底监测站，受国际关注度高，承载着重要的科学意义和价值。但观象台面临着自然环境条件差、建站时间短、运行和管理经验不足、基础设施简陋、职工福利待遇低等一系列问题。

从到任第一天起，德力格尔就查找问题的根源，理思路，想办法。他着力解决职工的在职教育、职称等切身利益问题，带领职工改善观象台基础设施与工作环境，增强了职工工作的积极性；建章立制，规范业务流程，建立一系列交接班、巡回检查、登记通报等制度，使监测业务运行日趋规范完善。针对观象台远离城市，社会治安、火险等安全隐患突出等问题，他带领职工建立了专人定期、定点、定要素安全生产月排查和安全生产月通报制度，开通了安全视频系统，有效减少安全隐患。

13 年来，德力格尔狠抓业务建设，在仪器运行、资料审核等环节严格执行责任制，采取措施杜绝停机、漏测、缺测等事故，业务质量迅速提高。与此同时，他积极争取项目，并改善通信、网络等条件，通过邀请专家专项培训，大力培养技术骨干，使观象台在管理、技术、环境、人才等方面迈上新台阶。

德力格尔工作经验丰富，视野开阔。在他的积极推动下，青海省大气成分中心和大气成分分析室建立，开发了多种大气成分分析服务产品，并在青藏铁路开通、玉树抗震救灾等工作中发挥了积极作用。同时，他在城市地区灰霾、高原大气含氧、大气成分与环境、大气成分与生态、大气成分与高原气候等领域，带领年轻科研人员进行探讨，促使年轻人积累经验、开阔眼界和思路。如今，退休后，他又凭借自己的经验，协助格尔木市气象局科研人员进行关于沙尘暴防治方面的研究。

2015年5月23日，瓦里关本底台德力格尔研究员和他率领的温室气体本底浓度观测队获周光召基金会气象科学奖（团队）

“瓦里关是天底下最美的圣地，我始终魂牵梦萦着那片土地。就算闭上眼睛，我也清楚地知道瓦里关的沟沟壑壑、山山水水，以及观象台的一个螺丝钉、一个观测仪器的安放点，甚至一个小小的安全隐患点。”德力格尔深情地说。不论在何时何地，位于瓦里关的中国大气本底基准观象台依然是他最牵挂的地方。

来源：《中国气象报》（2015年5月24日）

作者：金泉才

在世界屋脊绘就“瓦里关曲线”

——记全国工人先锋号中国大气本底基准观象台

2024年4月28日，全国五一劳动奖状、奖章和全国工人先锋号评选结果揭晓，青海省气象局中国大气本底基准观象台（以下简称“本底台”）喜获全国工人先锋号荣誉称号。

距今30年的1994年9月17日，在高耸入云的青海瓦里关山山顶，本底台拔地而起。这是世界气象组织目前32个全球大气本底观测站之一，也是全球海拔最高、欧亚内陆腹地唯一的全球大气本底观测站。

建站至今，一代又一代青海气象人扎根于此，与缺氧抗衡，与孤独为伍，与寂寞为伴，寒来暑往，日月交替，实时观测陆地大气本底变化，凭借着不间断观测积累的海量数据，成功绘就反映欧亚大陆腹地温室气体浓度变化的“瓦里关曲线”。

青海省气象局总工程师伏洋告诉记者，“瓦里关曲线”是指用本底台观测资料绘制并每年更新的二氧化碳变化曲线，是本底台近30年来最具代表性的成就之一，成为证明全球气候变化、支撑《联合国气候变化框架公约》的重要依据。

本底台现有职工23人，其中35岁以下青年职工14人，是一支汇聚青春力量、充满活力的优秀青年团队。经过30年的不断积累与发展，该观象台实现了温室气体、卤代气体、气溶胶、太阳辐射、放射性物质、黑碳、降水化学和大气物理等30个项目、60多个要素的全天候高密度观测，每天产生6万余个数据，基本形成了覆盖主要大气成分本底的观测技术体系和技术系统。

海拔3816米、年平均气温在0℃以下、年平均含氧率仅为67%、常年刺骨的寒风……对于大气成分本底浓度观测来说，瓦里关山的自然环境得天独厚，但对于长年工作在这里的人来讲，却是时刻在经历着生理极限挑战。同时，为了保证监测环境绝对纯净，观象台方圆百里人迹罕至，甚至杜绝人为烟气排放。

在极其艰苦的工作环境下，本底台负责轮值的观测员几乎与世隔绝，每日除了穿梭在各类精细复杂的监测仪器之间忙忙碌碌，目光所及之处皆是茫茫草原。近年来，由于人员调整，长年在山顶轮值的人员增加至 8 人。这 8 名观测员通常两两一组，实行两人 24 小时、10 天为一周期轮值制。

中国工程院院士杜祥琬曾评价："监测人员终年坚守在这山巅，耐得住艰辛和孤寂，他们进行气象观测，一丝不苟，使中国对大气研究的贡献享誉全球。在这里，我们见证了科技工作者应有的本色，找到了科学精神的当代基准。"

检查仪器、记录数据、更换采样膜、采集大气样本……简单枯燥却极为重要的工作，是每个观测员生活的主旋律，每天至少 8 次不间断监测记录分析，每天在监测仪器间奔波穿梭至少 16 千米，每天生成 6 万余组监测数据……近 30 年来，这些点滴积累为全球应对气候变化提供了有力的数据支撑。

本底台科技人员还立足温室气体监测开展核心技术攻关，推进质量体系和标准化建设，形成了观测运行保障、标校溯源、数据质量控制和应用分析等业务体系，为联合国政府间气候变化专门委员会、世界气象组织等观测报告提供支撑。

伏洋坦言，成绩的取得是中国作为负责任大国积极参与和引领全球生态环境治理的生动范例，处处彰显着中国力量。

多年来，本底台先后获得科技部突出贡献奖、中国科协周光召基金会气象科学奖（集体）、"中国力量"年度人物（团队）、青海五四青年奖章（集体）、省级劳模创新工作室、工人先锋号等荣誉称号，并入选科技部大气成分本底国家野外站、中国气象局首批野外科学试验基地和"两弹一星"精神传承基地等，涌现出科技部"最美科技人员"王剑琼、省级三八红旗手标兵李红梅等先进科技工作者，展现了当代青年立足本职、积极创新、无私奉献的良好风采和精神面貌。

来源：《中国气象报》（2024 年 5 月 6 日）

作者：王　彬（青海省气象服务中心）
娄海萍（中国大气本底基准观象台）

赵“副台长”的一天

3 月中旬，青海高原的乡村春寒料峭，雪依旧覆盖着远处的山崖和河谷。早晨的村庄，炊烟缭绕，安静祥和，几声鸡鸣后，勤快的老赵和老伴喊起年轻的儿子，开始了一天的忙碌。

一切井然有序。老伴开始准备早饭，儿子将大部分羊赶出羊圈，送到远处的草原，回来再给准备出栏的羊喂食。而老赵发动新近购置的双排货车，接上自家院子专门设计的水龙头，往车上装水。他今天的目的，就是将这三四吨水送往距离他家 30 千米左右的瓦里关中国大气本底基准观象台。

由于观测需要，中国大气本底基准观象台建在海拔 3816 米的瓦里关山顶。观象台距离最近的村庄有三十多千米路，无法连接当地自来水管道，也无法抽取地下水，日常生活用水需要从附近的村庄运送。

老赵叫赵华孝，今年 59 岁，家住海南藏族自治州共和县龙羊峡镇多隆沟村，身材不算高大，但看起来很结实，皮肤黝黑，岁月在他身上刻下了很深的印记。由于山上没有通自来水，从 1997 年开始，他就开始负责给中国大气本底基准观象台送水，还负责维护瓦里关山脚至山顶近 7 千米的山路。“除了送水和修路，我负责的事情还很多，只要山上有需要我的地方，我什么都干。”老赵说。

其实，山上需要他干的事情很多：断电了，先给他打电话，他查原因、找人维修；附近的牧民不听劝告，要在观测场周边放牧，他出面协调，赶走羊群；大雪封山切断了中国大气本底基准观象台和外界的物资往来，他叫上亲戚、朋友、村民一起铲雪扫路，及时将生活用品送到观测员手里……记者在站上那天，恰逢他和当村支书的弟弟，一起骑着摩托车来解决山上有线电视的故障。

观测员们亲切地叫他——赵“副台长”。

中国大气本底基准观象台是世界气象组织全球大气观测系统的 32 个大气本底基准观测站之一。观测员们给老赵介绍中国大气本底基准观象台的意义时，就通俗地说，主要是监测气候变化或者天气变暖的，老赵就有些了解了。他说，气候确实是在慢慢地变热了，年幼时青藏高原那种刻骨铭心的大雪和寒冷天气已经越来越少了。再听说一些数据要用于国际谈判时，他就有一种神圣感："高科技我不懂，但是，我一定要给他们做好后勤保障工作。"

他清楚地知道那些常年坚守在海拔 3816 米的观测员们的艰苦和牺牲。"有一年冬天，一个晚上停电了，我想，没电的话观测员就难熬了，就叫上儿子，深更半夜到山上，把两个观测员拉到我们家里过夜。"老赵说。"还有一次大雪封山，我叫上几个村民往山上送水，二三十千米路走了整整一天，带的馍馍吃完了，我们就吃了站上值班同志的饭。第二天我早早地把馍馍给他们送上去，我们家在这里，啥都好办，他们定量供应，我们吃掉一顿，他们就紧张了。"他笑着告诉记者。

瓦里关山脚到山顶 7 千米的沙石路蜿蜒曲折，维护保养起来难度很大。夏季，经常有泥石流冲毁道路；冬季，又时不时有大雪封山。老赵说："有时候一个人顾不过来，就发动亲戚朋友一起干，实在不行，就自己掏钱雇人雇机器，反正，只要我在，这段路永远是畅通的。"

老赵家里有 300 多只羊，还有为数不少的牦牛，一年下来，收入少说也有一二十万元，日子过得还算滋润。本是颐养天年的时候，可他天天为了山上的事情东奔西跑、忙忙碌碌，老伴、儿子和儿媳有时候不理解——"你图什么？真以为你是副台长啊！"这时，老赵就说："你说山上那些年轻娃娃，天天孤零零待那里是为了什么，仅仅是为了工资吗？再说，一二十年下来，几天不操心山上的事情，心里还真是不舒坦。"

老赵说，如今，他的儿子已经接替了他的部分工作，只要中国大气本底基准观象台在瓦里关山上，他们老赵家就永远坚守那个平凡的"副台长"的岗位。

来源：《中国气象报》（2014 年 4 月 4 日）

作者：金泉才（《中国气象报》记者）

后记：本文写于 2014 年，当时老赵已经 59 岁了。从 2014 年开始，他从本底台光荣"退休"，由其儿子接替他的工作。故事也和老赵一样，敬业而踏实，一家两代，为本底台的运行默默做着贡献。

赵华孝正在从拉水车上往中国大气本底基准观象台蓄水池抽水（金泉才　摄影）

"既然选择这个岗位，那就踏踏实实干"

青海瓦里关全球大气本底站，海拔 3816 米，冬季极端最低气温在 –30 ℃以下，常年刮着刺骨寒风，这里也是世界气象组织唯一设立在欧亚大陆腹地的全球大气本底站。

该站于 1994 年建成，开启了观测二氧化碳绘制"瓦里关曲线"的历程，迄今已 30 年。

"我从事气象工作 40 年左右，基本上待的都是高山站，在瓦里关干了整整 30 年，今年 10 月底将退休。值守最长的一次，在山上连续值班 27 天才下山。"伴随瓦里关站建设成长的气象职工黄建青，述说着他在这里工作的感受。

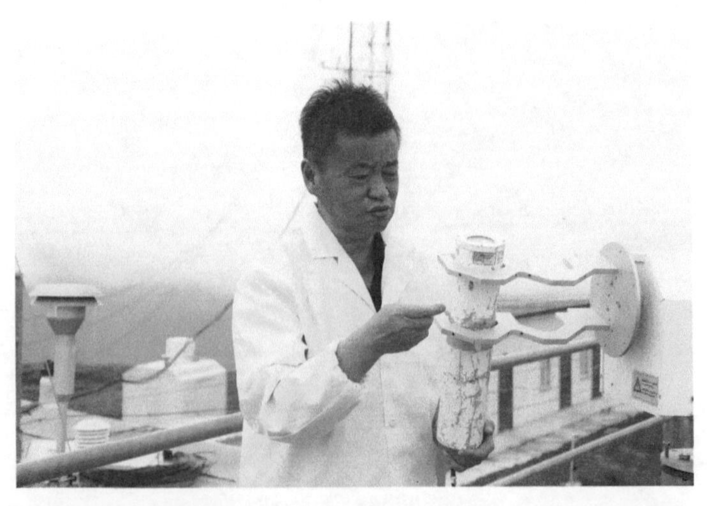

观测员黄建青是瓦里关站资历最老的工作人员，在海拔 3816 米的山上度过了 30 年春秋

同普通观测站相比，瓦里关大气本底站是全球大气本底站，观测目标不同，采用的技术方法、对设备的要求也有所不同，要求仪器精度更高，观测难度也更大。建站 30 年，每一次巡回检查都达到了世界气象组织的质量管理要求，支撑了数据的可靠性。

瓦里关站气象职工的日常工作主要是巡视仪器设备、取样等，由于这里的仪器设备经常更新，观测员边干边学是常态。

黄建青说，工作中最自豪的事，是靠自己把一些国外进口的仪器研究明白。一些进口的气象设备，上面的标识和说明书都是外文，虽然也会有国外专家来进行培训，但真正业务化的运维还要靠自己不断摸索。

根据温室气体观测的规范，日常观测工作是每小时巡查一次，如果仪器出现故障，两小时以内必须发现并进行处理。

黄建青在瓦里关山上工作30年之久，几乎每一位后来上山的观测员，他都带过、培养过，大家都很敬重他。由于瓦里关方圆50千米鲜有人烟，一旦站上的水电设施坏了，只能自己解决。于是，黄建青还承担了站上的水电维修等工作。

据瓦里关站王宁章回忆，当他第一天来到站上时，黄建青让他先学着自己做饭吃。为了维护瓦里关空气的纯净度和观测的准确性，这里不让生火做饭，只能用电磁炉煮饺子或者开水泡面。由于海拔高、气压低，这里的饺子煮不熟，需要用高压锅，泡面也泡不熟，只能用微波炉再热上几分钟。

既然如此艰苦，这里是否可变为无人值守的自动站？

黄建青说，他们也很希望观测都能自动化，随着时代的发展也一定可以实现，但是目前很多项目还需要人工观测和校准，并且在观测的时候还有各种各样需要人工注意的事项。

除了观测之外，数据的处理分析工作也需要在站上完成，值班人员必须监控这一班数据的情况，如果不监控的话，等这一班值完了，就没办法校准。

“刚上山的时候，很多人高原反应非常强烈。”黄建青说，“但是，既然选择了这个岗位，那就踏踏实实干。刚上来两天，晚上会失眠，不能干体力活，干着干着就习惯了。”

这里每一班观测员值班10天时间，安排相当紧张，值班员最担心的就是仪器出故障。除了工作以外，娱乐项目很少。“值班时就两个人，时间长了也没什么太多交流内容，除了数据和工作。”黄建青说。

“别人说我是一个只知道干活不知道说话的人。”黄建青很认可这一评价。

来源：《工人日报》（2024年2月6日）

作者：车辉 叶海英 娄海萍

一肩挑科学　一肩担情义

——记全国最美科技工作者王剑琼

一场强劲的风雪过后，海拔 3816 米的瓦里关山终于放晴。位于山顶的中国大气本底基准观象台，此时相对湿度 43%，风速 3.3 米 / 秒，风向 294.3° 。

“很好，风速超过了两米每秒。”观测员王剑琼选择在室外一个很开阔的地方打开手中的箱子。他从箱子里拉出一个有点斜的长杆，大概高 5 米。王剑琼特意站在下风向，憋住气。打开一个开关后，箱子发出了“轰隆”的声响，他随即跑开 20 米远，才停下来喘起了粗气。

这个箱子是瓦里关中国大气本底基准观象台特有的瓶采样装置，箱子里特殊的瓶子在接下来的两分钟里会“吸”足空气。观测员站在下风向、憋气、一路小跑，都是为了不让呼出的二氧化碳影响空气成分。而这样的观测每周都会进行一次。

就在那几天，遥远的摩洛哥马拉喀什，第 22 届联合国气候变化大会开幕。全球近两百个国家两万余名代表因为气候变化汇聚一堂，为人类的未来商讨行动方案。

“我很关注，觉得自己也做了一份贡献。”王剑琼笑着说。没有人为干扰，海拔近 4000 米的瓦里关山是观测大气成分本底浓度的理想场所。那些标着“瓦里关”字样的空气瓶子从他手里出发，来到北京，又通过美国大使馆抵达美国。这些空气及其分析结果成为我国参与气候变化谈判以及全世界科学家研究气候变化的重要依据。

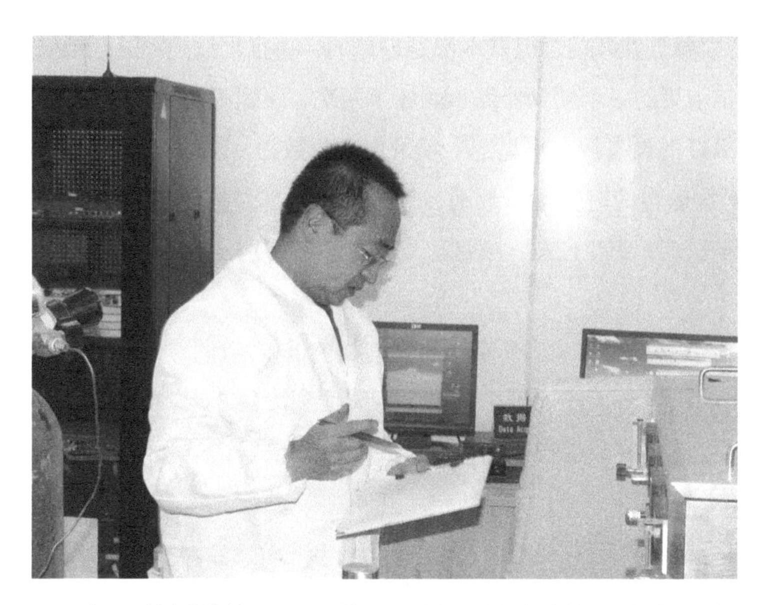

观测员王剑琼在海拔 3816 米的瓦里关中国大气本底基准观象台观测

“气二代”上山 变身“技术达人”

“80 后”的王剑琼是“气二代”，已经在瓦里关本底台工作了 13 年。

因为母亲是气象工作者，王剑琼对气象工作一点儿都不陌生；也因为对气象感兴趣，他报考了成都气象学院（现为成都信息工程大学）大气科学系环境工程专业。2003 年，大学毕业的他被分配回家乡青海，刚上了 10 天班，就被安排到瓦里关山实习。

“搞气象”难道不是“管天气”吗？为什么有这么多仪器？王剑琼还记得自己第一次登上瓦里关山的经历。从西宁出发，经过两个小时的车程来到瓦里关山脚下，再沿着蜿蜒曲折、一侧全是陡峭山崖的盘山路爬行 7 千米，才抵达观象台。在实验室和观测场里，全是各种各样看不懂的仪器，“跟普通气象站太不一样了！”

师傅黄建青还记得王剑琼当时“有点懵”的样子。也难怪，作为我国唯一一个全球级大气本底观测站，瓦里关站是目前欧亚大陆腹地唯一的大陆型全球基准站，自然有其独特之处。不过，年轻人很快来了兴趣，对着这些仪器开始发问。“有时候我也答不上来，只好向别人请教。”黄建青对当时王剑琼最深刻的印象是“好动脑子”。

台里的仪器五花八门，但基本都是进口的，一旦出故障，返厂维修成本很高。站上2008年刚买的一个新仪器隔年就坏了两次，每次返厂送回美国维修，需要三个月。“这么好的设备搁在那里，半年采集不到数据，多可惜啊！”王剑琼想自己干。仪器正常运转的时候他不敢动，等到一出故障，有专家上山检查或维修时，他无论在哪儿，都要跟上来一探究竟。现在除了特别复杂的仪器外，他基本都能处理。

2010年10月，王剑琼到北京参加完气相色谱仪培训，带着一大堆零部件和图纸回到瓦里关，一个人连着干了4天，每天忙到凌晨3点。最终，瓦里关在全国四个本底站中最先安装运行气相色谱仪——这种仪器，至今依然是站上最复杂的设备。

在他眼里，能“玩转”这些仪器是很酷的事儿。

情义千斤 是不断前行的力量

13年里，当然不只有成长的喜悦。

大学时谈的女朋友薛丽梅从青岛远赴西宁嫁给他。王剑琼却总要上山值班，一班就是10天，不能下山。不值班的时候，他还时不时跑到山上处理紧急情况。搁哪个姑娘能不气恼？

她生气了，他就好言好语哄着。王剑琼明白自己对家人亏欠太多，其实，同在气象部门工作的妻子，又怎能不明白这份工作的责任和意义？不然，薛丽梅也不会在他上山值班的时候，自己揽下家中所有事务，尽量不让他分心。

但谈起孩子，王剑琼眼里还是泛起了泪光。大儿子8个月时有点咳嗽，他照常上山值班，到第四天，孩子转成了肺炎。等他请假来到医院，已是晚上7点多。当王剑琼抱起儿子，平时“一下都不带消停”的小家伙软软地把脸贴到他身上，似乎一点儿力气都没有了，当时他的心就像刀绞一般痛。

在台里值班的每个晚上，王剑琼都会给妻子打电话。这天，西宁刚下了今冬第一场雪，孩子们高兴地捏起“小雪人”，怕化，还把雪人放在了冰箱里。除了问问家常，王剑琼还特意“关心”了冰箱里的雪人。当看到手机里两个孩子唱歌的视频，他的眼睛笑成了一条缝儿：“家是永远的牵挂。”

台里值班同事的经历都很相似，而同事之间的关系也很有趣。这次和王剑琼一起值班的是五十多岁的观测员郑明。“值班的头三天把要说的话都说完了，整天看着同一张脸，烦都烦死了。”郑明看似很“嫌弃”他。

前几天，台里一个设备遭雷击坏了。听说王剑琼要接受采访，郑明建议他“等记者来了再修”，王剑琼却费了九牛二虎之力，熬夜修好了。郑明一边“骂”他不“机灵”，一边忙前忙后给他搭手帮忙，王剑琼就笑呵呵地听着。

搭班的人之间有时也有救命的恩情。2006 年 10 月，年轻气盛的王剑琼拖着患感冒的身子上山，工作中直接眼睛一黑，晕倒了。幸好当时另一名观测员刘鹏就在身旁，刘鹏的妻子又是医生，懂点急救知识，一番折腾才把他救醒。

如今，已身为瓦里关本底台副台长的刘鹏总拿这事儿絮叨：“没有什么比人的生命更宝贵。一定要避免在生病时上山，太危险了。”

在探索科学的道路上，这些“情义”是激励王剑琼前行的重要力量。

科学精神是坚持，又不只是坚持

有人说，在那么艰苦的地方，只要坚守，就是一种贡献。瓦里关本底台的人却不这么看，他们的想法是：既然都守在这里，为什么不多做点儿事儿呢？王剑琼眼里的科学精神也是如此：“既是坚持，又不只是坚持。”

在工作的 13 年里，瓦里关的观测内容和设备都发生了很大变化。一开始只是单一的瓶采样，后来有了气相色谱仪，型号也从“5890”发展到了“7890”，再后来增加了地面臭氧、黑碳等观测内容。仅就瓶采样来说，也从之前单一的 5 米瓶采样发展到 80 米瓶采样，可以对比离地面 5 米高和 80 米高采集到的气体区别。

目前最先进的光腔衰荡法在测温室气体时，只需要三瓶标准气，就能测出二氧化碳、甲烷、一氧化碳和水汽。与之对比，气相色谱仪需要很多附属设备才能测出甲烷、一氧化碳、氧化亚氮、六氟化硫数据。眼下，前者正在研发改进，等它具备观测氧化亚氮、六氟化硫能力时，气相色谱仪也将被淘汰。

“科技发展带来的便捷令人惊叹。新的仪器又准又快又操作简单。”王剑琼说，“有机会的话想去美国国家海洋和大气管理局的一流本底台看看他们的仪器和运行方式。”

在正常业务值班之外，王剑琼还完成了对以往所有臭氧总量原始数据和报表的整理工作，保证了数据的完整性和连续性；建立了我国本底站温室气体及相关微量成分观测方法及流程，对温室气体数据进行筛分和质控，获得较为完备的数据序列，研究瓦里关温室气体变化趋势……

现在，王剑琼的最大愿望是，提高瓦里关观测数据的可用性。他和同事只能做到观测员级别的数据质量控制，更高一级的质量控制还有不足。“我做的东西还很浅，不能被称为科学家。但我希望在有限的生命里，能照顾好家人，和同事一起做些有意义的事。”王剑琼说。

来源:《中国气象报》(2016 年 11 月 29 日)

作者：张格苗 金泉才

他们憋着气，给地球“抽气”

2024年1月24日，周三，又到了瓦里关中国大气本底基准观象台一周一次的温室气体瓶采样日。

08时，“80后”副站长王宁章和“90后”观测员杨昊，带着温室气体采样箱在业务楼西北方就位。

这个时间和点位选得可有讲究。瓦里关山每天一过09时，就会出现裹挟山下空气的上升气流，对采样结果造成不利影响，所以相关工作必须在08时到09时之间完成。为了最大限度避免样品气体被污染，观测员每次采样前还需关注天气实况，尤其是风速不得小于2米/秒，否则不利于空气混合，而且选取的采样点必须位于生活区的上风位。

王宁章和杨昊撑开5米的支撑杆，打开电源和采样瓶上的两个阀门后走到一边。“这会儿还不是正式收集，我们要先洗瓶子。”观测员杨昊说的“洗”不是用水，而是用空气。

原来，为了避免误开启，采样瓶中会注入一定量温室气体含量较低的空气，采样时需要同时打开瓶子的进出气口，将空气加压泵入瓶中并快速释放，如此循环15分钟——这是老一辈观测员数次试验后总结出的“黄金时间”。

时间一到，王宁章和杨昊关上出气口阀门，迅速跑到十米开外，支着膝盖大口急喘起来。

“我们，刚刚，都憋着气呢。”杨昊边喘边说，“正式开始收集气体后要最大限度地减轻人为影响，包括呼吸。”高海拔处不比平原，人一缺氧就气短。

大约过了2分钟，采样瓶中气压达到设定值，两人回到采样点，关上进气口阀门和电源——这一环节仍然需要他们屏住呼吸。

随后，王宁章和杨昊带着四个采样瓶返回业务楼。其中两瓶会在中国气象局气象探测中心的国家级大气成分实验室进行分析，另外两瓶会被送往美国国家海洋和大气管理局（NOAA）的碳循环温室气体分析实验室进行同步分析，相关数据和分析结果全球共享，为气候变化研究提供支撑。

来源:《中国气象报》(2024年1月29日)

作者：叶奕宏 叶海英 谷星月 黄建青

第4章 媒体宣传

27年，“瓦里关曲线”描绘温室气体变迁

擦着峭壁，车子在沙石山路上盘旋，一个弯接着一个弯……终于，山顶到了。

海拔3816米。天空湛蓝，云朵雪白，山峦壮阔。这里是青海省海南藏族自治州共和县瓦里关山，山顶矗立着世界上海拔最高的大气本底基准观象台，也是欧亚大陆内陆腹地唯一的大气本底基准观象台。

1994年9月，世界气象组织宣布：目前世界海拔最高而且是第一座建在大陆腹地的大气本底基准观象台，将在中国青海省瓦里关山开始运行。中国大气本底基准观象台作为世界气象组织1989年开始建立的全球大气监测网的组成部分，将主要用于监测大气中温室气体和臭氧等化学成分的变化。1994年9月17日，瓦里关中国大气本底基准观象台（以下简称“瓦里关本底台”）正式挂牌成立。

这里被称为“云顶的观象台”。在星空和白云仿佛触手可及的地方，气象观测员们已经坚守了整整27年。这27年间，他们向全世界提供准确、连续、具有全球代表性的温室气体观测资料，从未间断。根据瓦里关本底台观测资料绘制的二氧化碳浓度变化曲线，成为国际气象界赫赫有名的“瓦里关曲线”。

精准测量——一年365天值守，每天产生6万多个数据，一直按照国际标准控制，确保每个数据准确可靠

这个中秋节，观测员黄建青和李明将在山上值班。“记不清这是在站里过的第几个节日了。一年365天、一天24小时都不能离开人，轮到谁，谁就上。”1991年建台前期论证时就来这儿工作，黄建青说，“我们习惯了，家里人也习惯了。”

早上07时43分，黄建青抬起手腕看了看表，随即拿起一旁的记录本，转身推门上楼。两分钟后，他准时出现在顶楼天台，眺望四周，观测云量、能见度和天气

现象。

像这样的人工观测，每天早中晚共 3 次，每一次都需要掐着点按时观测和记录。57 岁的黄建青养成了格外守时的习惯：“气象是瞬息万变的，晚 1 分钟、早 1 分钟，气象要素可能就有变化。”

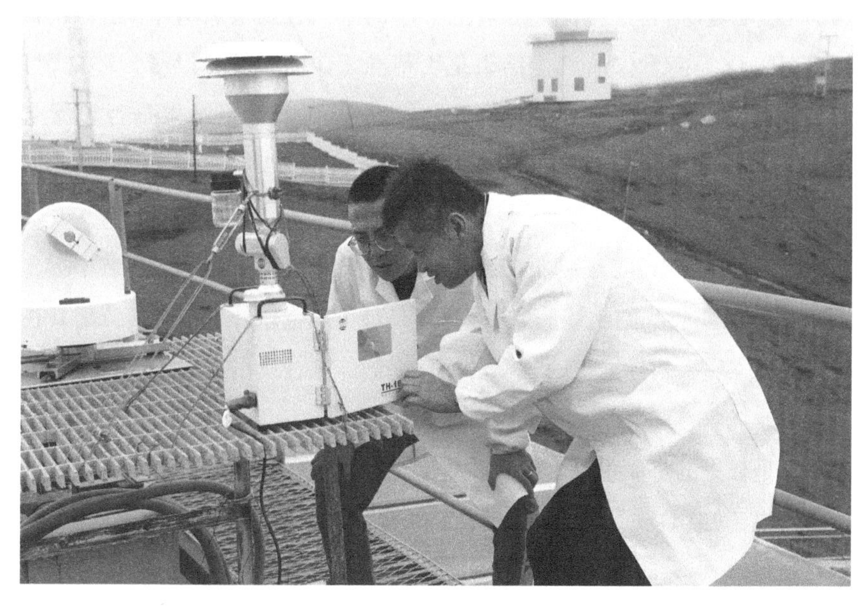

2022 年 7 月 7 日，瓦里关本底台观测员黄建青（右）和任磊（左）在认真检修仪器设备

人工观测主要看传统气象要素，而监测大气状况主要依靠各类先进仪器。“这是温室气体在线监测分析仪”“这是气相色谱温室气体监测系统”“这是臭氧光谱仪”“这是大气黑碳气溶胶观测系统”……走进瓦里关本底台，世界最先进的现代化监测仪器让人眼花缭乱。

“大气本底观测，是为了获取没有人为因素干扰的全球大气中各要素的浓度数据。为了满足世界气象组织的严格要求，专家经过多年选址论证，最终于 1992 年确定在瓦里关山建设中国的第一个全球大气本底台。”瓦里关本底台副台长刘鹏说，目前，瓦里关本底台担负着对温室气体、气溶胶、反应性气体、太阳辐射、降水化学、常规气象要素等的观测任务。

精益求精，这是大气本底观测的显著特点，也是基本要求。有人来访，几辆车、几个人都会一一登记，如果当天的观测数据出现明显异常，人为因素的影响就需要剔除掉。室外有一座 89 米高的气象梯度观测塔，塔顶设置有引气口，空气从密闭管道被引入机房中的各种监测仪器。这一切，都是为了将人为因素导致的误差降到最低。

怎样确保监测仪器没有偏差，测量出的结果和实际情况相符？

“我们会配置标准气，用高压泵把干净的空气压到钢瓶里，配置出不同浓度的标准气，作为衡量仪器测量结果是否精准无误的一把‘尺子’。”刘鹏介绍，每隔三五个小时，仪器就需要自动测量“标准气”，看测量结果是否和标准气的实际浓度相符。如果相符就证明仪器在正常运转，否则就是有了偏差，必须及时校准。

高压配气是一项有几分危险的工作。黄建青曾将高压泵拆了装、装了拆，把内部结构和运行原理琢磨透彻，不过，有时还是难免发生意外。一次，黄建青在外地一个区域大气本底台指导配气时，泵的接口突然炸开，飞出去的活塞打穿前方水泥墙体。这使他至今心有余悸。

黄建青是台里的多面手，平时喜欢琢磨，他不仅是很多仪器的操作好手，还从零开始学习电工知识，成了站里的“电工师傅”。“这都是环境逼出来的。”黄建青笑称。

“现在，我们实现了 30 多个项目、60 多个要素的全天候、高密度观测，每天产生温室气体等 6 万多个数据。”刘鹏如数家珍。

所有数据的质量控制都采用国际标准进行。“世界气象组织每两年组织一次国际巡回标定和比对，用严格的标准来衡量我们测出的数据是否符合要求。比如，给我们一瓶气来‘盲测’，测完后告诉他们浓度是多少。”刘鹏说，“建站 20 多年来，我们每一次检查都是达到质量管理要求的。这一点支撑了我们数据的可靠性。”

中国科学院院士、中国气象科学研究院研究员周秀骥，曾于 1991 年带领科研工作者对瓦里关山进行选址考察，见证了瓦里关本底台的从无到有。

“温室气体等大气本底观测是一项专业性很强的工作，容不得一点马虎。所以从一开始我们就主动把国际标准引进来，为的就是确保数据的精确，这样才有可比性和实际参考意义。”周秀骥说。

执着坚守——为避免影响监测结果，山上不允许生火炒菜，高原反应、生活不便成为家常便饭

“虽然条件艰苦了些，但付出总有回报。”2021 年 4 月退休的赵玉成，一说起瓦里关就兴奋不已。1990 年 7 月，他开始从事瓦里关本底台前期论证相关数据观测及采样，此后一直在台里工作。

瓦里关山是一个孤立山体，当年选择在这里建台的一个重要因素，就是周围一大片区域属于无人区、远离污染源。然而，这也给观测员们的生活带来了许多挑战。

“刚开始的几年，山上没有电视、冰箱，20 天一换班。我们每次上山值班前，要先去农贸市场大采购，买上至少可吃 20 天的东西，拉上山后用竹筐和绳子把菜吊在水窖里保存。”赵玉成说，那个时候观测员值班，前几天先吃不能放太久的菜，到了最后几天则几乎全是萝卜、土豆和大白菜。

建台之初，从山脚到山顶修了 7 千米的盘山公路，要绕 24 个弯才能盘上去，路不好走。

“当时一年得有五六次大雪封山。”赵玉成回忆道，冬天积雪或春天融雪时，车常常开到半山腰就无法继续前进。接班的观测员需要背上食品、采样容器，徒步上山，走上十几步就得缓口气。完成交接班后，再由交班的观测员把采样瓶抬下山、搬上车。

“现在的路比以前好多了，还修了护坡。不过，在这样的高海拔地区，还是会发生大雪封山的情况。”赵玉成说。

记者来到瓦里关本底台时，这里正紧锣密鼓地开展基建。新的业务楼已经盖好，正在盖生活楼。现在，观测员们不再需要定期攀爬上那座 89 米高的铁塔维护设备，改由专业塔工高空作业。工作和生活条件在持续改善，可仍有许多困难需要观测员们去克服。

对不少观测员来说，睡眠是道难关。影响睡眠的往往并不是户外此起彼伏的野狼嚎叫，而是高原反应。尽管大多数观测员来自海拔 2200 多米的西宁市，但很多人每次换班来到这儿，仍然免不了会有高原反应。

“高原反应晚上更厉害，而且工作区和生活区紧挨着，24 小时运行的十几台采

样泵噪声很大。有时晚上实在睡不着，就把床换个方向睡上几天；过几天，再换个方向。即便好不容易睡着了，经常两三个小时就会醒过来。”赵玉成回忆说，高原反应最严重时，整天头疼，嘴唇发紫，指甲发青。

随着年龄的增长，高原反应往往更强烈。黄建青说：“现在睡觉时常常做梦，梦到仪器停了、标准气用完了或者标准气没打开，然后一下子从梦中惊醒。”

山上不允许生火，不能炒菜，否则会产生气体污染，影响监测结果的准确性。观测员们只能用电炊具来煮面条、下饺子、蒸馍馍等，吃的多为半加工食品，常常一包方便面对付一顿。

中午时分，走进休息区，一大箱泡面旁，是正亮灯运转的微波炉。山上海拔高，沸点不足 90 ℃。在山下开水泡方便面稀松平常，到了山上，还得向微波炉求助。

中国贡献——“瓦里关曲线”推动国际社会在气候变化问题上达成共识，对世界减少温室气体排放具有重要意义

“建大气本底台会不会影响当地发展？”建台之初，当地人曾经有过这样的担心。

“大气本底台周边 50 千米以内不能有较大污染源，主要居住区、工业区和主要道路、机场及航线要远离瓦里关山基地”，这样严格的要求，当时一度让当地人感到压力不小，甚至试图说服有关部门取消在瓦里关山建大气本底台。

如今，大家感到，27 年前世界气象组织和国内有关部门选址瓦里关山，促使当地在生态优先、绿色发展之路上“先行了一步，占得了先机”。

共和县副县长韩福龙感慨地说，正是当初瓦里关站的建设，使得共和县更加自觉地将保护生态环境放在首位，走上了一条可持续发展之路。如今，全县 1/3 的面积被划入生态保护红线内，生态优先、绿色发展的意识贯彻到经济社会发展过程中。

保护生态给共和县带来了绿色红利。全县大力发展清洁能源，以风电、光电、水电为三大产业，致力于打造成为国家级清洁能源示范地。2020 年，共和县在青海全省县域生态考核中位列第一。“我们最大的责任在生态，最大的潜力在生态，最大的价值也在生态。”韩福龙说。

为确保瓦里关本底台观测数据的准确性，海南藏族自治州也在产业布局、基础设施建设、资源开发利用、生态环境保护等方面，严格按照相关要求来统筹安排。

刘鹏告诉记者："为了将人类活动的影响降到最低，确保瓦里关本底台的良好观测环境，青海省正在推进相关立法，随着'绿水青山就是金山银山'的理念越来越深入人心，立法进展比较顺利。"

在中国工程院院士、中国气象科学研究院研究员张小曳等专家看来，瓦里关本底台的建设，不仅促进了当地的绿色低碳发展，更重要的是，通过长期科学监测得到的"瓦里关曲线"，为国际社会在气候变化问题上达成共识做出了贡献，对促进全世界减少温室气体排放、积极应对气候变化，具有非常重要的意义。

瓦里关本底台建设前夕，全球二氧化碳浓度不断升高的趋势已越来越不容忽视，南北两极等地纷纷建立起大气本底观象台，但欧亚大陆腹地还没有大气本底观象台，从已有观测台站获得的数据不能代表全球气候变化的真实状况。欧亚大陆腹地二氧化碳浓度变化到底是怎样的？中国在瓦里关山建设与运行大气本底台，填补了空白，给出了答案。

张小曳说："作为位于欧亚大陆内陆腹地唯一的大气本底观测站，中国瓦里关全球大气本底站观测到的二氧化碳浓度变化，与相距数千千米的美国夏威夷冒纳罗亚全球大气本底站观测的结果几乎一致，这表明瓦里关全球大气本底站的观测结果，包含了北半球中纬度充分混合的大气温室气体浓度及其变化信息，有力证明了全球温室气体浓度持续上升的趋势。"

青海瓦里关站和夏威夷冒纳罗亚站的观测结果表明，近些年来这两个观测站的大气中二氧化碳浓度基本相当，每年均增加 2 ppm（ppm 为浓度单位，即每百万个干空气气体分子中所含该种气体分子数，1 ppm=10^{-6}）到 3 ppm。2019 年，瓦里关站观测到的二氧化碳浓度为 411.4 ppm，让人欣喜的是，2016 年后二氧化碳浓度增幅放缓。

"我们的使命就是确保监测数据的准确性、长期性和连续性，持续绘好'瓦里关曲线'。"刘鹏说，"只要世界各国齐心协力应对气候变化，减少温室气体排放，我相信未来'瓦里关曲线'会逐渐停止上升，甚至掉头向下。"

记者手记

共同构建人与自然生命共同体

20世纪90年代，我国在经济基础较为薄弱、科技水平远不如今天的时候，下决心攻坚克难，加入国际温室气体监测计划，建设瓦里关本底台。通过27年的日夜坚守、精益求精的连续监测，获得了反映欧亚大陆腹地温室气体浓度变化的“瓦里关曲线”，为全球大气环境观测做出了中国贡献。这是中国作为负责任大国，积极参与和引领全球生态环境治理的又一个生动范例。

2021年4月22日“世界地球日”，习近平主席在领导人气候峰会上发表重要讲话时指出，气候变化给人类生存和发展带来严峻挑战。面对全球环境治理前所未有的困难，国际社会要以前所未有的雄心和行动，共商应对气候变化挑战之策，共谋人与自然和谐共生之道，勇于担当，勠力同心，共同构建人与自然生命共同体。

从开展精密监测与科学研究，到在历次联合国政府间气候变化专门委员会（IPCC）评估报告撰写中发挥重要作用；从实施积极应对气候变化国家战略，到坚持推动绿色发展和低碳转型；从积极履行应对气候变化《巴黎协定》，到统筹有序落实碳达峰、碳中和目标……应对全球气候变化，中国有雄心更有行动，不断贡献中国智慧、中国力量。中国坚持人与自然和谐共生，协同推进人民富裕、国家强盛、中国美丽，是当之无愧的全球生态文明建设的重要参与者、贡献者、引领者。

大气没有国界，环球同此凉热。地球是人类共同的、唯一的家园。同舟共济、守望相助，共同构建人与自然生命共同体，人类才能汇聚可持续发展合力，有效应对全球气候环境挑战，把一个清洁美丽的世界留给子孙后代。

来源：《人民日报》（2021年9月19日）

作者：刘毅 杨萌 金泉才

30年驻守“云端”，为地球精准“把脉”

在海拔3816米的青海省海南藏族自治州瓦里关山顶上，矗立着中国大气本底基准观象台（以下简称“瓦里关本底台”）。瓦里关本底台是32个全球大气本底基准监测站中海拔最高的一个，也是唯一设立在亚欧大陆腹地的大气本底基准监测站。

在这里，有这样一支团队，他们常年驻守荒原，忍受孤独寂寞，克服高原严寒，在全球大气监测和保护科研业务一线默默耕耘，用近30年积累的海量数据绘就业界闻名的“瓦里关曲线”。他们，就是青海省气象局温室气体及碳中和监测评估关键技术研发创新团队（以下简称“团队”）。

30年，为一个目标矢志不移

6月初，瓦里关山依旧白雪皑皑。

团队成员王剑琼和记者讲述瓦里关本底台建设之初的故事。20世纪80年代，世界气象组织实施全球大气监测计划，在全球不同地区陆续开展大气本底观测。1989年，我国开始全球大气本底站的选址，经过反复遴选，地处青藏高原的瓦里关山进入专家视线。

1994年9月17日，瓦里关本底台挂牌成立，担负起为地球“把脉”的重要使命。

建站初期，山上的工作环境很恶劣。

“高海拔环境下大家的睡眠本就不好，再加上山风凛冽，很容易被风吹门窗的声音吵醒。”团队成员黄建青回忆道。“走快了就气喘吁吁”“晚上辗转反侧、难以入眠”……是当时许多观测员的共同经历。

视线回到现在。站上两名“95后”团队成员时闻和杨昊，每天从检查仪器开始，记录数据、更换采样膜、采集大气样本……他们的工作，在旁人看来简单枯燥，但却极为重要，如果观测数据不准确、不连续，对后续气候变化研究和决策判断容易产生误导，容不得半点马虎。

临近中午，杨昊到休息室煮上两盒泡面。“山上海拔高，水的沸点低，泡面得放进微波炉加热。”杨昊介绍道。走进厨房，记者没有看到燃气灶、炒锅、食用油等物品。询问后方知，尽管如今的工作和生活条件得到改善，但为了不影响大气本底观测数据质量，山上一直禁止生明火做饭，速冻饺子、泡面等是团队人员一日三餐的常见食品。

时闻和杨昊曾是南京信息工程大学应用气象专业同班同学，2021 年毕业时，两人同时入职瓦里关本底台。“每天的观测数据是判断大气成分变化的重要依据。”杨昊说，“一想到这份工作能为国家‘双碳’战略目标贡献自己的一点力量，我就很自豪。”

绘出最美“瓦里关曲线”

一代代人接力，在群山耸峙的青藏高原，原本鲜为人知的瓦里关山，如今已成为全球关注的大气科学高地。印着“瓦里关”坐标的各类大气本底观测数据，带着地球气候变化的印记，从青藏高原“走进”了国内外各类学术期刊和气候变化报告，成为世界各国制定国际气候协定的重要依据。

瓦里关本底台多年的观测数据显示，大气中的二氧化碳浓度逐年递增。

本底台气象人以数十年如一日的坚守和付出，绘制出建台至今近 30 年的二氧化碳浓度变化曲线，即“瓦里关曲线”，成为证明全球温室气体浓度持续上升的有力证据。

如今，瓦里关本底台可以全天候、高密度准确观测 30 个观测项目中的共计 60 多个观测要素，每天产生 6 万多个数据。还与国内外多家高校、科研机构合作，联合开展数十项科学研究和试验。

“近 30 年的观测数据，是我国气象事业的一笔宝贵财富。”瓦里关本底台台长李富刚说。

从蹒跚起步到国际知名，瓦里关本底台的观测技术、设备、基础设施发生了巨大变化，而不变的，是瓦里关气象人“云端”守望的初心。

站在瓦里关山顶望去，本底台 80 多米高的梯度观测塔巍然耸立，仿佛一架云梯直达天宇。它默默守望着脚下这片土地，记录着大气变化的点点滴滴，更见证了一代代瓦里关气象人的坚守与奉献。

迎难而上，做到最好

一年365天值守，每天6万多个数据，团队成员始终按照国际标准控制，确保每个数据准确可靠。

大气本底观测是为了获取没有人为因素干扰的大气要素浓度数据。目前，瓦里关本底台担负着对温室气体、气溶胶、反应性气体、太阳辐射、降水化学、常规气象要素等的观测任务。

瓦里关本底台作为中国气象局温室气体标准气配制中心之一，长期以来为国家级温室气体计量技术机构提供高精度的温室气体标准气，保障了全国气象系统温室气体监测业务的顺利开展，并为系统建立气象温室气体计量标准积累了经验。

世界气象组织每两年组织一次国际巡回标定和比对，用严格的标准衡量测出的数据是否符合要求。李富刚说："建台近30年，每一次巡回检查都达到了质量管理要求。这一点支撑了数据的可靠性。"

在这个团队中，还有许多像黄建青、王剑琼、时闻、杨昊这样优秀的科研人员，他们不惧困难、勇于挑战，在实践磨砺中成长为团队的骨干力量。

应用得好，才是硬道理

在建立温室气体标准数据集基础上，瓦里关本底台团队还开展了《青海省温室气体监测公报》编制研发工作，2022年9月底完成公报编制论证。这份公报分析了温室气体本底浓度长期变化趋势及特征，反演了不同季节影响瓦里关站的主要气团传输轨迹，为科学开展温室气体监测评估，进一步提升青海应对气候变化能力奠定基础。

2023年8月8日，全球大气本底与青藏高原大数据应用中心科创平台成立大会暨青藏高原碳与气候变化监测联盟正式在青海省西宁市成立。应对气候变化的征程，山高路远，步履铿锵。团队将驻守"云端"，为世界贡献青海力量！

来源：《中国气象报》（2023年8月23日）

作者：金泉才 娄海萍 央金拉姆

30载，为地球画一条“呼吸曲线”
——走进瓦里关国家大气本底站

岁末年初，青海省海南藏族自治州共和县。

穿过牧区的沙石土路，顺着山壁与悬崖之间的夹缝蜿蜒而上，就到了瓦里关中国大气本底基准观象台（以下简称“瓦里关本底站”）。

1994年9月，在海拔3816米的瓦里关山上，这座本底站拔地而起，成为世界气象组织全球大气观测网（WMO/GAW）32个全球大气本底站中海拔最高的一座，也是唯一设立在亚欧大陆腹地的全球大气本底站。

从此，一代又一代观测员驻守于此，记录地球呼吸脉动，积累下近30年准确、连续、具有全球代表性的温室气体观测资料，为应对气候变化及相关研究贡献中国智慧和中国力量。

今天，“新春走基层”报道组就将见证这条漫长曲线上的又一个点。

一天的坐标，是6万多个数据与两万步

（一）

瓦里关本底站主班观测员的一天一般始于07时30分。

起床，花20分钟收拾妥当，再花10分钟步行到数百米开外的观测场，迎着熹微的晨光检视每台设备后，再返回业务楼三层的天台。

天台更像一处试验基地，上面矗立着太阳光度计、光谱仪、负氧离子监测站等许多先进设备，其中不少属于瓦里关本底站和高校、科研院所合作的观测项目所用设备。

检查过每一台设备的“健康状况”后下到二楼，眼前一个个贴着“气溶

胶”“温室气体”等标签的玻璃隔间里，分门别类地放着一台台设备和一个个数据监控显示屏——毫不夸张地说，这就是瓦里关本底站的“业务命脉”。

逐个确定设备运行正常、数据准确无误后，这一轮的巡检才算结束。

记者跟着值班的观测员杨昊跑了一圈，光是室内巡检的环节，计步设备就显示：2526步。

而这一天班，往往从08时到次日02时，按最少每两个小时巡检一次算，这一整套流程还要经历8次。按成年人的步伐计算，只一天巡检，观测员足不出户就能走出16千米，而瓦里关山体南北长也不过21千米。

这还只是“寻常”时候。

还有些“不寻常”的工作需要更加费心——比如每周三要进行温室气体瓶采样，每月、每季度、每半年、每年度要用不同方法给不同仪器设备进行彻底“体检”、除尘、排障、更新……

还有些“不寻常”的天气需要多加小心——咆哮的风曾经掀起旧业务楼的屋顶，暴风雪曾经封住上山的唯一通路，骤然下降的温度会加剧高原反应，让人突然眩晕、气短，夜不能寐……

而这些“不寻常”，这些微小的变化，这些看着屋顶突然消失时的惊恐，从一脚下去陷到大腿的雪里“游”向观测场时的挣扎，相互搀扶着把补给和设备背回站里，在冻得滑溜的山道上一个趔趄看到旁边悬崖时的心惊胆战，睡不着时听见野狼嚎叫时的毛骨悚然……观测员们回忆时居然意外地兴致盎然。

那种神情，就仿佛看到一条平直的线突然起伏。

（二）

用观测员王宁章的话说，在山上的生活，有时候就处于一种“没有社会依托”的状态。

这是因为大气本底站需要观测未受人类活动影响条件下大气各成分的自然含量，因此多建于人迹罕至、远离污染源的区域，还要求观测员在工作、生活时不许生火炒菜，并尽可能减少车辆往来等人为干扰活动。

为了最大限度地避免山上、山下生活“脱节”，近几年站上人手宽裕了些，8名观测员就两两一组，以10天为一个单元进行轮班。“本来想着没事的时候还能互相唠唠嗑，但有时候吧，这10天都对着一张脸，你也不想跟他说什么了。”从建站起就扎根瓦里关本底站的第一代观测员黄建青忍不住“吐槽”。

瓦里关本底站身份特殊，观测项目众多，在这里，至今需要人工值守。

而与孤独和解，在波澜不惊的生活里保持高度专注和严谨，是每一名瓦里关本底站观测员的必修课。

30年，一万多个日夜，每天开展30个观测项目、60多个关键大气成分要素的全天候、高密度观测，确保产生的数据准确可靠、符合国际标准……但人不是机器。他们日复一日、年复一年地投入高度重复的工作中，却始终保持高效率、高精度，甚至是惊人的热情，一定是因为心里有什么，在源源不断地提供着动力。

是什么呢？

气象工作者的浪漫，是“一半太阳，一半月亮”

（一）

为了尝试弄清这个问题的答案，记者先抓住了黄建青。

60岁的他，和30岁的瓦里关本底站，互相参与了彼此生命中最重要的30载光阴。

1990年4月，原本是隔壁山头雷达站观测员的黄建青，被调来参与瓦里关本底站前期论证相关数据观测及采样。“从一个山头换到了另一个山头”，没什么新鲜感，但黄建青认为，既然是交代给自己的工作，就要踏踏实实地干好。

当时运抵瓦里关山的观测设备都是最先进的，别说“零基础”的黄建青，不少观测员见都没见过。为了摸清它们的“脾气”，每来一台设备，他就会跟在从北京、国外来的专家身边，一边认真看，不放过每一个安装调试步骤，一边详细问，在尽可能短的时间内熟悉设备。

但有时候黄建青的疑问只会得到外国专家冷冰冰的一句：这个你不需要知道。那能怎么办呢？只能扎扎实实地去“啃”说明书，只能抓住设备运行过程中的每一次故障，在拆了装、装了拆的过程中自己琢磨其内部结构和运行原理。每次，让设备正常运转让他特别有成就感。

那个时候的黄建青大概没想到，这种“成就感”能持续这么久：30年来，更先进的设备源源不断地来到站上，“从当年的两台，到现在的 20 多台，其中还有我们自己的国产温室气体设备在站上进行调试，真是不一样啊。”

（二）

2011 年，“80 后”王宁章从南京信息工程大学毕业后，抱着“要为家乡做贡献”的理想回到青海，来到瓦里关本底站。

刚到山上的时候他很兴奋，天是高的，草是绿的，下垫面时不时探头的地鼠也是可爱的。晚上，他会跑到一处可以看见湖泊的山头，看星星和夜钓灯交相辉映；夏天，他会趁着雨后跑到向阳坡，摘一种嫩生生的榛蘑；他还和同事在山下刻了唱片，利用几个废旧喇叭在山上唱起“卡拉 OK”……但一年、两年、三年过去了，当他对站上的每一寸土地、每一项工作像呼吸一样自然时，当他成了家、当了父亲，却每次下山都要面对儿子略显陌生的眼神时，他也产生了迷茫。

要走吗？他生出这个疑问的时候就意识到，自己舍不得。

站上有带着他一点一点拆解电路图的良师，有互相鼓励的益友，有他亲手安装调试的设备，有他担负的沉甸甸的责任：瓦里关本底站提供的连续、高质量观测数据，绘制出了国际气象界赫赫有名的“瓦里关曲线”，成为证明全球气候变化、支撑《联合国气候变化框架公约》的重要依据。

而他，是数据的“把关人”之一。

现在，王宁章依然觉得站上的工作没什么“趣味”，但他依然会在说到这项成就时有一点点得意：“有时候机器还没报警我就发现不对劲，第一时间排除了故障，没耽误数据传输。”

（三）

杨昊也是青海人，他的家乡就在距离瓦里关山 40 多千米的共和县，这里也是瓦里关本底站所带来“生态红利”的直接辐射地。

根据要求，大气本底台周边 50 千米以内不能有较大污染源，这就意味着瓦里关山附近不能出现主要居住区、工业区和主要道路、机场及航线。

“这会影响共和县的发展吗？”这是瓦里关本底站规划之初困扰许多当地人的一个疑问。事实上，正是这些“苛刻”的条件，使得共和县更加自觉地将保护生态环境放在首位，走上了一条可持续发展之路。

在这片绿水青山中出生的杨昊后来考入南京信息工程大学应用气象学院。在大二的一门以气候变化为主题的课上，他第一次以另一种视角认识了家乡和那个赫赫有名的瓦里关本底站。他因身在其中与有荣焉，也希望为维护这份荣耀做些什么。

2021 年毕业，他果断报考了这里。“我们的每一项工作、每一份数据和资料，对全球应对气候变化研究和决策具有不可替代的重要作用。”就算身处瓦里关山一隅，他仿佛也能听到，在世界大气监测和保护的舞台上，回荡着属于中国的声音。

（四）

从黄建青，到王宁章，再到杨昊；从“60”后，到“80”后，再到“90”后；从被分配，到自主选择，再到主动奔赴；从凭着“干一行就要爱一行”的信念度过漫漫岁月，到真正理解工作背后意义承担起应该担负的责任，再到迈出每一步都通往“心之所向”……

透过三代人的生命历程，我们不只看到了一座台站的成长，更看到全社会共谋人与自然和谐共生之道的探索和努力。

在告别瓦里关山前，观测员们带着记者到了风景最好的向阳坡。

我们坐在坡上又聊了一会儿。几只地鼠在洞口探头探脑，发出“叽叽”的声音。远处一只苍鹰掠过 89 米高的气象梯度观测塔。不知道是谁先开始轻声哼唱：“那里湖面总是澄清，那里空气充满宁静，雪白明月照在大地，藏着你最深处的秘密……”

开始只有零星的、轻轻的应和声，后来声音越来越多、越来越响。

回荡着歌声的天幕上，一半是太阳，一半是月亮。

是炽热的信念和不悔的坚守。

来源：《中国气象报》（2024 年 2 月 21 日）

作者：叶奕宏 叶海英 关晓军 娄海萍

从瓦里关　迈出保护地球一大步

在巍峨的青藏高原上，有着许多有名无名的山脉。海拔 3816 米的瓦里关山算不上特别，但中国却在这里迈出了保护地球的一大步。

选址

西侧可见散布在高原荒漠间的绿洲草场，北侧是绵延的青海南山和高原明珠青海湖，南麓横卧着黄河上游第一座大型水力发电厂龙羊峡水库——1991 年 9 月，时任中国气象科学研究院院长周秀骥站在瓦里关山顶，再一次对中国大气本底基准观象台站址进行考察。

彼时，世界气象组织全球大气观测系统刚完成整合不久，政府间气候变化专门委员会第一次评估报告即将出炉；全球二氧化碳浓度不断升高的趋势越来越不容忽视，南北两极等地纷纷建起了大气本底基准观测站，但欧亚大陆腹地仍是一片空白——这意味着，从已有观测站获取到的数据尚不能代表地球变化的印记。

能否在中国内陆高原建一座大气本底基准观象台？中国政府和国际社会一拍即合。

对照世界气象组织基准观测站站址选择条件，专家们踏上了青藏高原的诸多山脉。就这样，瓦里关山走进了他们的视线。

瓦里关山有一定高度，地势孤立、四周开阔，方圆百公里之内人烟稀少，几乎没有工业生产，空间和环境代表性较好。这里还建有一座通信中转站，供电和交通基础条件不错，且基建投资和维持费用相对较低。如此一来，全球大气观测和日常管理、后勤保障等都能得到满足。

建设

“中国正在同世界气象组织、联合国开发计划署和联合国环境规划署合作，在青藏高原建立世界第一个内陆型全球大气基准观测站。它的建成将有助于全球大气观测事业发展。”时任国务委员宋健代表时任国务院总理李鹏在致辞时介绍。

1994 年 9 月 17 日，中国大气本底基准观象台正式挂牌运行。在这里程碑式的观测站建成背后，离不开中国政府的投资、联合国全球环境基金及世界气象组织的支持，离不开澳大利亚、美国和加拿大等国家的设备和技术援助，更离不开全球携手共同保护地球的精神。

更幸运的是，这种精神始终在延续。

1995 年 9 月，澳大利亚气象局格里姆角大气本底监测站技术官员彼得 · 沃尔福特先生与夫人来访瓦里关站，对监测项目和设备进行检查。陪同到访的中国气象科学研究院研究员周凌晞现在仍清晰地记得，沃尔福特烟瘾很大，但站里不允许吸烟，他便从站里的 99 级台阶上上下下。去过高原的人都知道，上楼梯时高原反应令人非常难受。一开始，他忍不了烟瘾，隔一会儿便下去抽根烟，后来抽烟的频率越来越低，最后索性不抽了。回到澳大利亚后，沃尔福特便彻底戒烟了。

筹备建站初期，一批又一批像沃尔福特这样拥有先进经验的专家登上瓦里关，安装设备、培训人员；一批又一批像周凌晞这样的中国优秀人才前往美国、加拿大、澳大利亚等国家接受温室气体测量等相关技术培训，学习经验、带回设备。他们建立了深厚的友谊，也为瓦里关业务建设储备了技术骨干。

成长

业务刚开始运行时，在瓦里关监测到的温室气体数据并不能在线显示。工作人员只能每星期采集两瓶空气运到北京，再通过美国大使馆送到美国进行分析。等到拿回数据，已是一年后。

中国气象工作者始终在努力改变这种状况。2006 年前后，在国际社会的帮助下，中国终于具备了自主分析采集气体的能力。从那时起，瓦里关站空气采集瓶变成了四个，两个送到美国，两个留下来自己分析。在这样年复一年的对比分析中，他们不断发现问题、解决问题，改进观测。

二十多年过去了，如今的中国大气本底基准观象台可以全天候、高密度观测 30 个项目、60 多个要素，每天产生 6 万多个数据，形成覆盖主要大气成分的观测技术体系和技术系统。它与全球其他大气本底站一起，诉说着地球大气变化的秘密。

2014年春天，瓦里关站监测到大气中的二氧化碳含量达到400 ppm，与美国夏威夷冒纳罗亚天文台观测数据遥相呼应。瓦里关站监测到的数据不但走进了各类气候变化公报，也走进了气候大会，成为《巴黎协定》等解决方案的重要依据。

来源:《中国气象报》(2018年11月13日)

作者：张格苗 金泉才

绘出“大气曲线”优美轨迹

——走进四个入选国家野外科学观测站的大气本底站

前不久，科技部相继印发《国家野外科学观测研究站建设发展方案（2019—2025）》和《国家野外科学观测研究站优化调整名单》，对布局完善陆地和海洋的大气本底国家野外站提出新要求，将原有105个国家野外站优化调整为97个。

其中，气象部门主管的青海瓦里关大气成分本底国家野外科学观测研究站（简称“瓦里关站”）、北京上甸子大气成分本底国家野外科学观测研究站（简称“上甸子站”）、黑龙江龙凤山大气成分本底国家野外科学观测研究站（简称“龙凤山站”）、浙江临安大气成分本底国家野外科学观测研究站（简称“临安站”）4个站在名单之列。

从20世纪80年代起相继设立的这4个大气本底站因何入选？气象观测领域各有什么侧重？这几个站的科研成果有什么亮点？

从条件艰苦到技术领先

在国家野外科学观测研究站优化调整名单中，瓦里关站被评为优秀。

2001年3月，该站现任副台长刘鹏从大学毕业后成为大气本底监测员，当时的瓦里关站尚处于发展阶段，监测项目覆盖不全，人员紧缺、基础保障设施落后。

那是一段十分艰难的时光。头几年，位于山顶的监测基地，基础设施简陋，生活条件艰苦。为了完成监测任务，寒冬腊月里，刘鹏往往需要冒着风雪在观测场开展工作。有时大雪封山，车辆无法到达山顶，换班人员只能背着监测样品从半山腰步行到基地。

有人不理解这份热情从何而来，但每次去站里值班，刘鹏和同事还是充满期待。

“这是欧亚大陆唯一的内陆型全球大气基准观测站，观测仪器类别丰富，让人大开眼界，还有各种专业提升和培训学习的机会！”说起瓦里关站，刘鹏充满干劲儿。2010年，作为瓦里关站温室气体监测业务骨干，他曾被派往美国国家海洋和大气管理局（NOAA）学习。“通过那次学习，了解到我们与先进国家在大气本底监测领域存在的差距，也更坚定了要把瓦里关站建设好的决心。”

经过十几年的建设发展，在海拔3816米的青海省海南藏族自治州瓦里关山，全球海拔最高的大气本底基准观象台逐步发展，监测仪器逐渐增加，基础保障设施逐步改善，工作队伍逐渐壮大。

大气本底站的精神和成绩不单单体现在瓦里关。在北京上甸子、黑龙江龙凤山、浙江临安，同样的轨迹在书写。

上甸子站坐落于北京市密云区高岭镇上甸子村一个小山坡上，周围山势平缓，地形开阔。该站的观测数据为环境气象预报业务、臭氧预报业务和科学决策提供重要支撑。

位于黑龙江省五常市的龙凤山站，是中国政府与世界气象组织联合开展的监测中尺度本底污染浓度国际合作项目，其观测被纳入全球大气监测网业务观测体系。自1989年建站以来，该站积累了近30年的观测数据，这些数据及研究成果对地球大气成分的变化起着监测、早期预警作用。目前，该站开展温室气体及相关微量成分、气溶胶、反应性气体、常规气象要素、大气辐射以及干湿沉降共7大类近100种要素的观测。

位于浙江省杭州市临安区的临安站，处于长江三角洲西南翼，常年主导风向——东北方向分布着长三角城市群。该站能够“灵敏”捕捉来自长三角城市群混合较均匀的大气成分变化信息。近5年，该站共获得各类气象、大气成分观测数据近4000万条。目前开展的温室气体、气溶胶、反应性气体、酸雨、大气臭氧柱总量、太阳辐射、地面气象7大类30余种要素观测，均纳入中国气象局业务观测序列。

从提供基础支撑到融入国家发展

一直以来，野外科学观测和试验研究工作都受到高度重视。从1999年开始，科技部会同有关部门，围绕生态系统、特殊环境与大气本底、地球物理和材料腐蚀

4个方面，遴选建设了百余个国家野外科学观测研究站。经过系统建设，这些站在长期连续获取基础数据、认知自然现象和规律、推动相关领域方向发展等方面发挥了重要作用。

2016年，中国气象局出台了气象野外科学试验基地管理办法，组织遴选了21个野外科学试验基地，为气象科技发展提供基础支撑。

作为我国唯一一个全球级大气本底观测站，瓦里关站是目前欧亚大陆腹地唯一的大陆型全球基准站，观测数据代表全球陆地大气本底，对应对全球气候变化至关重要。经过25年的努力，如今研发了大气本底成分浓度、气体样品和颗粒物样品的监测技术。

本底环境是农业生产、生态环境保护的最后底线。作为我国重要的工业和农业基地，东北地区在维护国家国防安全、粮食安全、生态安全、能源安全、产业安全方面战略地位十分重要，龙凤山站获取的数据记录着东北地区大气本底环境变化，是政府每年发布温室气体公报的重要数据获取点。

根据《国家野外科学观测研究站建设发展方案（2019—2025）》，到2025年，国家野外科学观测研究站数量保持在一定规模，基本形成覆盖我国主要代表性区域和领域方向的国家野外站布局。

下一步如何做？中国气象局将继续完善气象部门科技创新基地建设，推进野外科学试验基地的顶层设计和科学布局，并继续积极申报国家野外科学观测研究站。

4个国家大气本底站也有清晰的蓝图——入选国家野外科学观测研究站后，瓦里关站将持续完善观测项目、观测要素，引进更多科研人才，提升科研能力，同时进一步扩大监测数据共享。上甸子站将继续发挥长序列、高质量、多要素数据集的关键优势。龙凤山站继续提升观测能力，依托现有综合大气成分本底观测系统，建设规模适度、技术先进、功能齐备的国家野外科学观测研究站。临安站将在观测技术方面继续改进，进行自动化采样方法研究，申请多项专利。

来源：《中国气象报》（2019年8月12日）

作者：王亮

守望“云端” 海拔3800米绘就最美“瓦里关曲线”

在海拔3816米的青海省海南藏族自治州瓦里关山顶上，矗立着中国大气本底基准观象台（以下简称“瓦里关本底台”）。在这里，有着这样一支团队，他们常年驻守荒原，克服高原严寒，忍受孤独寂寞，在全球大气监测和应对科研业务一线默默耕耘，用近30年积累的海量数据绘就业界闻名的“瓦里关曲线”。

一代代人接力，在群山耸峙的青藏高原，原本鲜为人知的瓦里关山，如今已成为全球关注的大气科学高地。印着“瓦里关”坐标的各类大气本底观测数据，带着地球气候变化的印记，从青藏高原“走进”国内外各类学术期刊和气候变化报告，成为全球应对气候变化的重要依据。

近30年，10000多个日夜，瓦里关本底台气象人付出了多少？又收获了什么？11月16日，记者前往瓦里关本底台求解。

海量数据积累，绘就最美“瓦里关曲线”

据瓦里关本底台多年观测数据显示，大气中的二氧化碳浓度逐年递增。本底台气象人以数十年如一日的坚守和付出，绘制出建台至今近30年的二氧化碳浓度变化曲线，即“瓦里关曲线”，成为证明全球温室气体浓度持续上升的有力证据。

一年365天值守，每天6万多个数据，瓦里关本底台气象人始终按照国际标准控制，确保每个数据准确可靠。

早上07时40分，胡成戎抬起手腕看了看表，随即拿起一旁的记录本，转身推门上楼。两分钟后，他准时出现在顶楼天台，眺望四周，然后观测云量、能见度和天气现象。像这样的人工观测，每天早中晚要开展3次，每一次都要按时观测和记录。

“当时气象站观测数据全部靠人工记录，每3小时一次，24小时不间断，全年无休。”季军说，“最头疼的是要频繁更换自记纸。我们经常是顶着风雪去换纸，大风天要两人绑在一起去，才不会被风吹跑。”即便如此，瓦里关气象数据记录一次都没有断档，成了珍贵的气象观测资料。

如今，瓦里关本底台可以全天候、高密度准确观测30个观测项目中的共计60多个观测要素，每天产生6万多个数据。还与国内外多家高校、科研机构合作，联合开展数十项科学研究和试验。“近30年的观测数据，是我国气象事业的一笔宝贵财富。”瓦里关本底台台长李富刚说。

站在瓦里关山顶望去，本底台80多米高的梯度观测塔巍然耸立，仿佛一架云梯直达天宇。它默默守望着脚下的土地，记录着大气变化的点点滴滴，更见证着一代代瓦里关气象人的坚守与奉献。

近30年执着坚守，做好大气成分监测

瓦里关本底台是世界气象组织32个全球大气本底基准监测站中海拔最高的一座，也是唯一设立在亚欧大陆腹地的大气本底基准监测站。

11月16日，记者和青海省气象局的工作人员一起来到这里。映入眼帘的是长长的台阶，耳边风声呼啸，刚上了十多层台阶，记者就对这里艰苦的环境有了切身感受，胸闷、气短、心跳加速，99级台阶只能走几步缓一下，一步一步慢慢向上……

然而，就是在这条件异常艰苦的瓦里关山顶上，一代代瓦里关气象人已坚守了近30年。“每当有人问我瓦里关在哪里，我都会回答，在云端！”瓦里关本底台监测员季军翻看着一张张泛黄的老照片，和记者讲述瓦里关本底台建设之初的经历。20世纪80年代，世界气象组织实施全球大气监测计划，在全球不同地区陆续开展大气本底观测。1989年，我国开始全球大气本底站选址，经过反复遴选，地处青藏高原的瓦里关山进入专家视野。1994年9月17日，瓦里关本底台挂牌成立，自此担负起为地球“把脉”的重要使命。

建站初期，山上的工作环境极其恶劣。“我记得，当时住的房子只有40多平方米，中间是个水窖，里面装的是我们吃喝的水。山上风沙大，每次烧水前都要把水面上的一层土舀掉才行。在如此高海拔的环境，大家的睡眠都不好。”季军回忆着。

“走快了就心跳加速”“晚上睡觉辗转反侧”“难以入眠”……从过去到现在，这是几乎所有监测员的共同感受。

视线回到现在。站上两名“95后”团队成员时闻和杨昊，还有一名“00后”成员胡成戎，每天从检查仪器开始，记录数据、更换采样膜、采集大气样本……他们的工作在旁人看来简单而枯燥，但专业人士都知道，这项工作极为重要。如果观测数据不准确、不连续，将对后续气候变化研究和决策判断产生误导，所以，容不得半点马虎。

临近中午，胡成戎到厨房煮了两盒泡面。“山上海拔高，水的沸点低，泡面还得放进微波炉加热。”胡成戎说。走进厨房，记者并没有看到燃气灶、炒锅、食用油等物品，询问后才知，尽管如今的工作和生活条件得到改善，但为了不影响大气本底观测数据质量，山上一直禁止生明火做饭，速冻饺子、泡面等是他们一日三餐的常见食品。

时闻和杨昊曾是南京信息工程大学应用气象专业同班同学，2021年毕业时，两人同时入职瓦里关本底台。“每天的观测数据是判断大气成分变化的重要依据。”杨昊说：“一想到这份工作能为国家双碳战略目标贡献自己的一点力量，就很自豪！”

高科技赋能，彰显科研担当

从蹒跚起步到国际知名，瓦里关本底台的观测技术、设备仪器、基础设施发生了巨大变化，始终不变的，是瓦里关气象人“云端”守望的初心。

中国科学院院士、中国气象科学研究院研究员周秀骥，曾于1991年带领科研团队对瓦里关山进行选址考察，见证了本底台的从无到有。“温室气体等大气本底观测是一项专业性很强的工作，容不得半点马虎。所以，从一开始我们就主动把国际标准引进来，为的就是确保数据精确，这样才有可比性和实际参考意义。”周秀骥说。

如何确保监测仪器没有偏差？这引发了人们的好奇心，也只有专业团队和科技力量能够给予解读。

“我们会配置标准气，用高压泵把干净的空气压到钢瓶里，配置出不同浓度的标准气，以衡量仪器比对结果是否精准无误。”团队成员王剑琼介绍，每隔三五个小时，仪器就需要自动测量标准气，看测量结果是否与标准气的实际浓度相符，如果相符就证明仪器正常运转，否则就是有偏差，必须及时校准。

瓦里关本底台作为中国气象局温室气体标准气配制中心之一，长期以来为国家级温室气体计量技术机构提供高精度的温室气体标准气，保障了全国气象系统温室气体监测业务的顺利开展，并为系统建立气象温室气体计量标准积累了经验。

世界气象组织每两年组织一次国际巡回标定和比对，用严格的标准衡量测出的数据是否符合要求。李富刚说："建台近30年，每一次巡回检查都达到了质量管理要求，这一点支撑了数据的可靠性。每次上山，总有一种使命感催促着我们前行。"

骐骥千里，非一日之功。对团队的每一位科研工作者来说，终身学习、持之以恒，是他们坚定的信念。在他们看来，唯有保持"学"和"钻"的精神，去坚持，去下功夫，在做中学、学中做，才能增强科研工作的预见性、科学性和创造性，才能更好地把所学知识转化为处理更多问题的能力。

科研优势吸引着年轻气象人开拓创新。2022年8月参加工作的监测员胡成戎，在一年多的时间里已体验过站里的所有工作，最近正在总结这些工作经验，"希望从中找寻一些规律，开展相关研究，为瓦里关气象事业发展做出贡献。"

在这个团队中，还有许多像季军、王剑琼、时闻、杨昊这样优秀的科研人员，他们不惧困难、勇于挑战，在实践磨砺中成长为团队的骨干力量。

这是一个有梦想、有活力、有担当的团队，他们全力将创新精神融入科研工作，共同努力，成就自己，成就更加美好的新青海！

来源：《青海日报》（2023年11月29日）

作者：宋翠茹 金泉才

守望“云端”证初心

——瓦里关国家大气本底站气象人为地球“测体温”

瓦里关山，地处“世界屋脊”青藏高原，平均海拔超 3800 米，气温最低可达 -25 ℃。气候环境极为恶劣，方圆 10 千米渺无人烟。

在瓦里关山顶，矗立着世界气象组织唯一设立在亚欧大陆腹地的全球大气本底站——瓦里关国家大气本底站（以下简称“瓦里关本底站”）。

1994 年建站以来，一代代瓦里关气象人接续奋斗，忍受荒野中的孤独，克服常年高原反应的挑战，以“耐得住寂寞、攀得上高峰、守得住初心”的精神不断向科学高地进发。凭借近 30 年积累的海量数据，瓦里关本底站科研团队绘就业界闻名的“瓦里关曲线”，这一曲线成为证明全球气候变化、支撑《联合国气候变化框架公约》的重要依据，也极大增强了我国在国际气候变化领域的影响力和话语权。

“云端”坚守：为地球“测体温”的气象人

5 月初，瓦里关山依旧白雪皑皑，山体巍然挺立、云雾缭绕。

“总有人问我瓦里关在哪里，我都会回答：在云端！”59 岁的瓦里关本底站观测员黄建青，翻看已然泛黄的一张张老照片，讲起瓦里关本底站建设的故事。

20 世纪 80 年代，世界气象组织开始实施全球大气监测计划，在不同地区陆续开展全球大气本底观测。1989 年，我国政府开始全球大气本底站的选址工作，经过反复遴选，地处青藏高原的瓦里关山进入专家视线。

1994 年 9 月 17 日，瓦里关本底站挂牌成立，担负起为地球“测温”的重要使命。

瓦里关本底站是 32 个全球大气本底站中海拔最高的一座，也是唯一设立在亚欧大陆腹地的本底站。

建站初期，山上的工作环境极为恶劣。“高原上睡眠本就不好，山风凛冽，我们经常被风吹动门窗的噪声吵醒，整夜失眠几乎成为常态。”黄建青回忆说，高海拔的工作环境让观测员的身体健康面临挑战。“走快了就气喘吁吁”“晚上辗转反侧、难以入眠”，是许多观测员的共同经历。

5月的一天，雪后初晴，碧空如洗。瓦里关本底站的两名“95后”观测员时闻和杨昊开始了一天的工作。

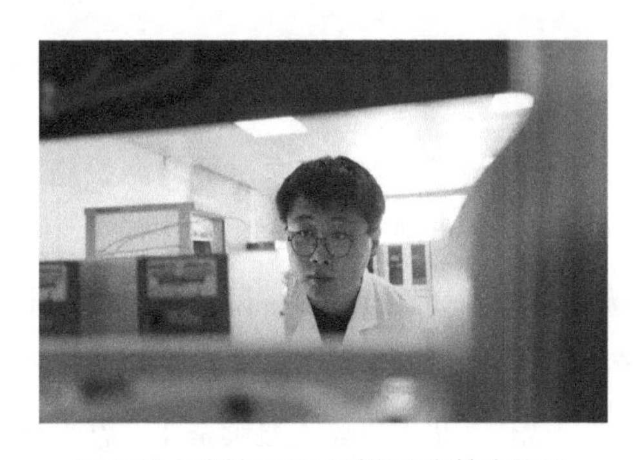

瓦里关本底站观测员时闻正在检查仪器

检查仪器、记录数据、更换采样膜、采集大气样本……他们每天的工作，在旁人看来简单枯燥，但极为重要：如果观测数据不准确、不连续，对于后续气候变化研究和决策判断就会产生严重误导，因此容不得半点马虎。

时闻（左）和杨昊（右）在开展气瓶采样

当天，室外气温低至 –10 ℃，两人的脸冻得通红，但他们工作时依旧一丝不苟。“站里的前辈曾在山上不顾呼吸困难跑了几百米，就为了找回被大风吹走的记录资料。现在山上条件越来越好，我们必须像他们一样认真严谨。”杨昊说。

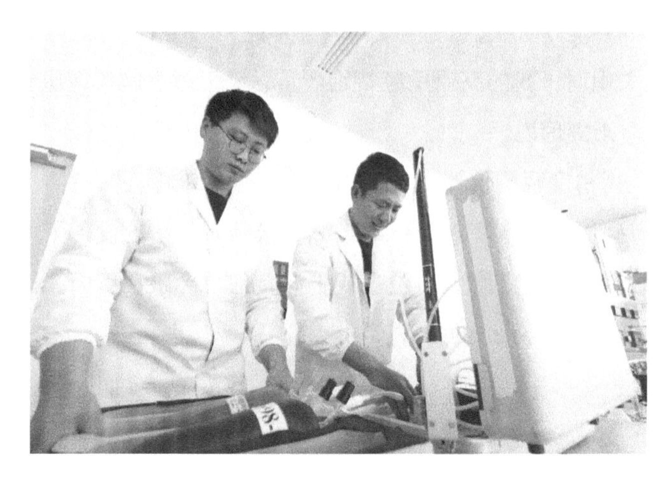

时闻（左）和杨昊（右）在准备开展气瓶采样

不知不觉间，工作已临近中午 12 时。回到休息室，杨昊煮上两盒泡面，这是当天的午餐。“山上海拔高，水的沸点低，泡面还需放进微波炉加热。”杨昊告诉记者。

走进厨房，记者没有看到燃气灶、炒锅、食用油等物品。问询后方知，尽管本底站的工作和生活条件得到极大改善，但为了不影响大气本底观测数据质量，山上一直禁止生明火做饭，速冻饺子、泡面等是瓦里关本底站工作人员一日三餐的常见食品。

时闻和杨昊都是南京信息工程大学应用气象专业的毕业生。作为同班同学，两人在 2021 年毕业时不约而同报考了瓦里关本底站。

“每天的观测数据是判断大气成分变化的重要依据。”杨昊说，“我更愿意把自己看作是为地球‘测体温’的人，每当想到这里，我会很有成就感。”

接续奋斗：情系高原守初心

瓦里关山是一座孤山。从青海省会西宁出发，西行至青海湖东畔，再一路往南，辗转行至瓦里关山脚下，远远望见矗立在山顶的本底站。

“大气本底观测需要最大程度减少人为因素干扰。近 30 年来，我们一直保持着两个人在山上值班。”瓦里关本底站技术骨干王剑琼说，值班人员每 10 天轮换一次。

一个又一个 10 天轮转，坚守精神在岁月流逝中传承。

自2003年从成都信息工程学院（现成都信息工程大学）大气科学系环境工程专业毕业以来，2023年42岁的王剑琼跟“90后”年轻人一样，坚持在山上轮流值班。

“刚到瓦里关山时，我的高原反应特别严重，晚上睡觉胸口像压着一块大石头，常常喘不过气。”王剑琼说。

本底站各类高精度观测仪器多，一出故障，返厂维修耗时耗力。“不能啥都等着专家教。要想确保大气本底观测不出纰漏，必须对站里的设备了如指掌。”王剑琼暗暗下定决心。每当有专家上山检查或维修，他总会跟在后面“偷师学艺”。各种设备说明书，也成了他手边的必备读物。

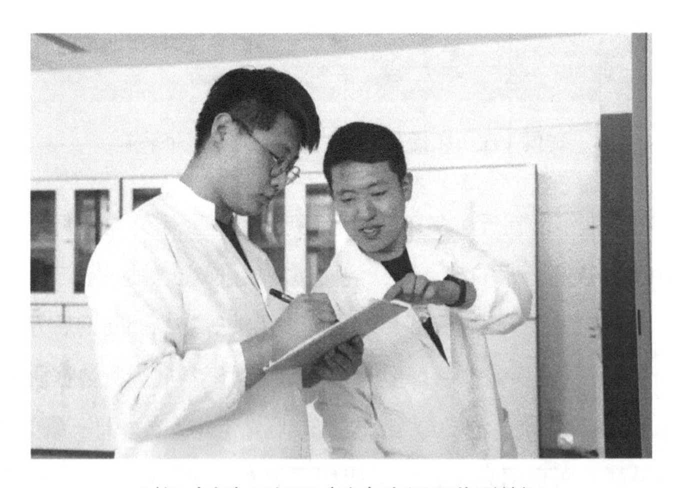

时闻（左）和杨昊（右）在记录监测数据

如今，王剑琼不仅熟练掌握本底站各种仪器的操作，更是维修仪器的高手。

凭借多年艰苦付出，王剑琼于2016年被科技部授予“最美科技人员”称号。“荣誉不是我一个人的，它属于我们每一个坚守一线的瓦里关气象人。”王剑琼动情地说，第一次登上瓦里关山顶，自己就有一种归属感，下决心在这里做出一番事业。

无论是老一代观测员，还是入职不久的年轻人，头顶云端、脚踏实地，一代代的瓦里关人接续坚守山巅，以甘坐“冷板凳”的精神向着科学高地进发，用青春和热血坚守着高原气象人的初心。

由于科研成绩突出，瓦里关本底站在2009年被科技部授予“全国野外科技工作先进集体”；2015 年，瓦里关温室气体观测团队被周光召基金会授予“气象科学奖”。

“瓦里关山是圣洁的科学之山，近 30 年来瓦里关气象人的不懈辛劳，为大气科学和气候变化研究做出了基础性的贡献。”中国工程院院士杜祥琬的评价，正是瓦里关气象人数十年如一日坚守“云端”的真实写照。

把脉地球：绘出最美“瓦里关曲线”

在群山耸峙的青藏高原，原本鲜为人知的瓦里关山，已成为全球关注的大气科学高地。印着“瓦里关”坐标的各类大气本底观测数据，带着地球气候变化的印记，从青藏高原“走进”了国内外各种学术期刊和气候变化报告，成为世界各国制定国际气候协定的重要依据。

瓦里关本底站多年观测数据显示，大气中的二氧化碳浓度逐年递增。时任站长德力格尔带领科研团队绘制出 1995 年至 2015 年 21 年间的二氧化碳浓度变化曲线，经过国内外专家严格的对比分析，其与美国夏威夷冒纳罗亚天文台自 20 世纪 50 年代以来的观测数据完全吻合。

于是，“瓦里关曲线”呈现在世人面前。“我们瓦里关气象人数十年如一日的坚守与付出，换来这条‘瓦里关曲线’。”德力格尔表示，曲线揭示了全球二氧化碳含量与气候变化的深刻关系，成为证明全球温室气体浓度持续上升的有力证据。

如今，瓦里关本底站可以全天候、高密度准确观测 30 个观测项目共 60 多个观测要素，每天产生 6 万多条数据，观测体系覆盖主要大气成分。瓦里关本底站还与国内外多家高校、科研机构合作，联合开展数十项科学研究和试验。

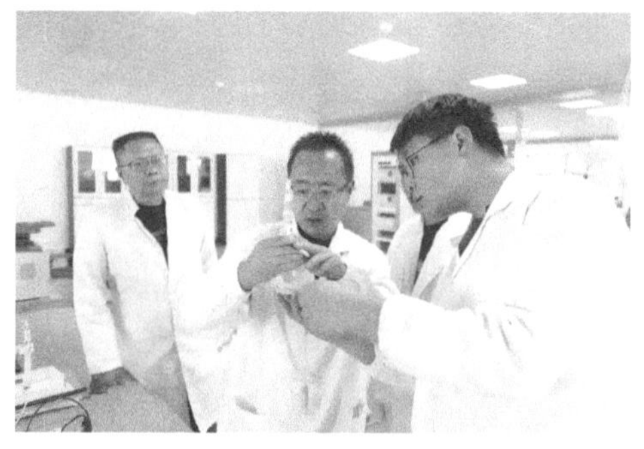

瓦里关本底站观测员在交接工作（王艳、李占轶 摄影）

“瓦里关本底站积累了近30年的观测数据，这是我国气象事业的一笔宝贵财富。”现任站长李富刚说，在未来的“双碳”工作中，瓦里关本底站将继续发挥独特而重要的作用。

瓦里关本底站从蹒跚起步，到逐渐成为国际知名的全球大气本底站，观测技术、观测设备、基础设施日新月异，不变的是瓦里关气象人“云端”守望的初心。

站在瓦里关山顶望去，本底站80多米高的梯度观测塔巍然耸立，仿佛一架云梯直接天宇。它默默守望着脚下这片土地，记录着大气变化的点点滴滴，更见证了一代代瓦里关气象人的坚守与奉献。

来源：新华网（2023年5月5日）

新华社记者：陈凯 周盛盛 李占轶 王艳

瓦里关山上了不起的“小事”

吸—呼—吸—呼，在青海省东部，3816 米的瓦里关山上，带着地球上大气信息的空气一刻不停地钻入各种精密仪器，绕过曲折的细管，被快速提取出一个个数字后，再回归高原旷野。

这里坐落着的正是欧亚大陆腹地唯一的大气本底基准观象台——瓦里关中国大气本底基准观象台。在这里，很多事物是不能停的——数据不能停，仪器不能停，电不能停，另一个不能停的就是“上山”。算下来，在这里值守的人，如果条件允许，整个职业生涯里大约要上 480 次瓦里关山，在山上守护 4800 天。

他们的“大事”，自然是确保数据无虞。不过在此之外，还有一些必须要解决的“小事”，比如，如何与寂寞和谐共处，如何在缺氧失眠的夜晚让烦躁少一点，以及如何解锁那个人生目标——在科学的世界里，当你要做那份最基础、最枯燥、最严苛且无休止重复的工作时，怎样才能把它“支棱”着做?

可别小瞧这些“小事”。在海拔 3816 米的山上，“小事”里也有科学精神。

与狼、老鼠、野兔、狗有关的故事

老赵 2021 年就要从本底台退休了。

这次，他没有跟我们一起“上山”。作为最早一批上山观测的六个人之一，健康范围内的“上山额度”早已用光。他只是叮嘱我们，“上山”后不能跑动，爬台阶的时候一定要慢。

在上山之前，他给我们讲了很多山上的故事。如果时间允许，大概讲上三天三夜是没问题的。让我印象很深的几个情节，跟狼、老鼠、野兔等动物有关。

老赵叫赵玉成，在 1991 年就上了山。那时候，还没完全确定这里要建一个全球大气本底站。需要有一些人在山上先观测一年，待测得数据等各方面符合严格规定后，才能获批建站。那一年，老赵还是小赵，30 岁。之前，他在海南藏族自治州气象局负责雷达观测。跟他一起被调来的，一共有六个人。

雷达观测也得上山，也挺苦。但他总结这一年在瓦里关山上的日子，“唉，太辛苦。”

孤零零的山体，留两间半砖房放仪器。为了让观测到的大气尽可能“纯粹”，又在200米开外盖了两间房给观测的人住。

当时，仪器配套软件开发尚未完成，所以刚开始的一段时间，仪器的小时标定、日标定、周标定都得靠手动完成。标定不分白天晚上，到点就得去，尤其是半夜赶去标定最为辛苦。

狼，是这200米夜路上最大的危险因子。

“特别是冬天晚上，人在屋子里就能听见外面狼群嗷嗷叫的声音。”老赵描述。

怎么办?

单位给每个值班员配一台强光手电，除了能给自己壮胆，更主要的原因是狼怕光，万一碰上，关键时候还可以保命。

一年之后，完整无缺的观测数据被送到国际专家手中。经过严格评定，确定完全符合要求。瓦里关本底台正式获批建设。幸运的是，每天晚上都紧握的防狼手电，最终没应用到“实战”中。

上山观测，以此为起点，老赵他们要继续适应与山上野生动物共处。

在老赵看来，有的时候，你必须学会睁一只眼闭一只眼。夏季，山上的老鼠特别多，有的老鼠钻到储水箱里，就这么在水里漂着，这些他们都得克服。

当然，如果运气好，与它们互动也会成为一项娱乐活动——娱乐，在山上可是件稀罕事儿。

“我年轻的时候身体特别好，以前在山上，一点儿反应都没有。”说起当年，老赵十分自豪，他曾经成功追到过野兔，“三次”！

后面，无论是狼还是老鼠，他们都不用再害怕、烦恼了，因为很快，随着本底台建设完工，硬件软件都有明显改善，周边还增加了围栏。

不过，后面也再没有其他人像老赵一样体验过追野兔的乐趣。

王剑琼曾经想另辟蹊径。他上山是在2003年，那会儿老赵已经不敢在山上跑那么快了。小王也就没见到老赵的风采。后来在山上待久了，小王有了养狗的念头。

"怎么说呢。夏天的时候，毕竟你可以到山坡上走走，看看外面的绿色，心情也会好一些。一到冬天，一片荒凉。"

有狗陪伴的日子，意外提升了小王的幸福度，"那样挺好，冬天晚上出去观测，有一只小狗在旁边跟着，也可以壮壮胆。"

但结局却挺让人遗憾，养过几次狗，有的因为不适应山上的稀薄空气很早就死了，有的可能因为太寂寞，自己跑了。

后来，山上再也没有小狗的身影了。

睡不着与做噩梦

在山上，白天忙碌着各种工作，到了晚上，每个人的目标只有一个——睡觉。

曾经在山上追野兔的老赵，45 岁一过，情况就不容乐观，身子骨开始亮"黄灯"，就是"睡不着觉了"。上山这 10 天里，前几天睡得还可以，后面就不行了。晚上睡几个小时就醒，把床调整了，睡上几天仍不行，又换过来调个方向。"睡不着，很难受。"

后面严重了，亮了"红灯"，头开始疼，指甲、嘴唇也发紫。再往后，老赵的身体就再不适合"上山"了。

在山上，睡得着的幸福是相似的，睡不着的则各有各的痛苦。比如跟老赵同期来站里的季军，如果白天看到他眼睛红红的，就知道他前一晚又没睡好。半夜睡不着怎么办？只能起来到处溜达，看能不能化解烦躁的情绪。

在这里，睡觉就是这样一件必须认真对待才能完成的"工作"。

在这一点上，黄建青是老赵和老季都颇为佩服的一位同志。老赵扭头看向黄建青："就他还能坚持！"在另外一个场合，季军也认可，"老黄坚持的时间比我长。"

是的，在瓦里关本底台，黄建青是一项纪录的保持者——"上山"时间最长者。但在与失眠的斗争中，他也并不容易。有时候睡着了，但跟工作有关的记忆碎片会钻入梦里，东突一下西突一下地扯着神经。来来去去最常做的几个梦是断电、标准气阀门没打开、机器好好的却没有数据，以及身体让人匪夷所思地突然从山上瞬间移到山下。

"没数据是很严重的问题。"黄建青喃喃重复了一遍。

规定动作之外，想多做一点事儿

山上的风是苍凉的，山上的日子是孤独的，但山上的人，却会想办法让自己“支棱”起来，哪怕每次一点点。

在黄建青看来，在山上，两个搭班共处 10 天，“今天说两句话，明天说两句话，最多到后天，就没话说了。”

这种灰蒙蒙的情绪只能靠自己化解。

“要找一些自己喜欢的事情去做，如果你只是坐在那里发呆的话，会越来越严重。”这是老黄总结出来的，事实证明，这可行。

他喜欢动手去研究，所以每当仪器出故障，他会拆下来琢磨原理。不停地拆了卸、卸了拆、拆了又卸……慢慢地，老黄就摸出了门道、有了经验。

“我们仪器线路分好几路，有动力电的，有不间断电源的，有没有不间断电源的，其他人不明白，他搞得清楚。遇到问题，都是找他解决。”刘鹏曾经是赵玉成和黄建青的“徒弟”，后来他也成长为独当一面的技术能手、管理者。但对两位师傅，他由衷佩服。

还有什么可以安心依靠老黄的呢？大家给的答案有：站里每年两季的“压气”，给其他兄弟本底站培训也是他；之前 89 米的进气塔维护，老黄可以上……

在老黄这里，这些都算是“边学习、边干活，边干活、边学习”“要有头有尾”。老黄不太擅长华丽言辞，但朴素中往往出真理。在山上，世俗的喧嚣和杂念被无限缩小，人们可以更真切地体验心底的需求，相比于荣誉和头衔，每天的努力和进步能让人获得更持久的满足和愉悦。

后来，从老黄的徒弟王剑琼身上，大家发现，“动手去做、动脑去想”带来的快乐可以被复制。

对仪器“开窍”后，王剑琼经常对着仪器向师傅请教。“有时候我也答不上来，只好向别人请教。”黄建青印象深刻。

现在除了特别复杂的仪器外，王剑琼基本都能搞定，包括之前在国内鲜有人亲手安装运行的气相色谱仪。

“个人努力是非常重要的因素，在这个地方，其实是可以学到很多东西的。”刘鹏说，他自己也找到了专注点——分析数据，并从中收获成就感。

在这里，每个人都有可能收获成就感吗？

在刘鹏看来，上山之后，“要去想我怎么看待这份工作，如果觉得我就是一个观测员，我一天的工作就是把这些检查表抄好，那没什么自豪感、成就感了。”

他们必须向上看，日复一日坚持，提供连续、高质量的监测数据，这是对全人类科学的意义；也必须向下看，多做一点事，从中找到自己的专注点，一直做下去。

被惦记的感觉真好

抛开物理意义上的偏僻，这个位于青藏高原上的本底台，其实也被很多人惦记着。他们可能来自几千千米外的北京，也可能来自几万千米外的北美、欧洲、大洋洲。

本底台成立 25 周年时，出版了一本画册，一张张老照片记录了它的成长史。中国气象报社副总编辑冉瑞奎特意把他收藏的这本画册给笔者。一张张翻看，我惊讶地发现，文字可以记录事件，但图片却可以留住人在那一刻的真情实感——山上条件差、工作苦，参与筹建、培训的国内外科学家们和站里的职工脚踩积雪，或蹲或站，穿着随意，有的只简单搭着军大衣，但每个人脸上都洋溢着灿烂的笑容。

在老赵的记忆里，从 1994 年 7 月开始，瓦里关山就热闹了起来。来自美国、加拿大、澳大利亚、德国等国的专家，分 4 批来到瓦里关，给站上的人培训设备操作。从仪器安装、维护到数据分析，全套都教。一位专家带两三个人，中国气象科学研究院的专家负责翻译。

在站里，基本上每台仪器都有老师们无私教授留下的痕迹。那台二氧化碳监测仪，曾经是由中国气象科学研究院的温玉璞教授教站里的人如何使用。这段经历，温玉璞自己也很珍惜。回到北京后，就把跟大家在站外的一张合影压在办公桌玻璃板下。后来有人质疑照片上的时间，认为“7 月不可能下雪”。温老师哈哈大笑：“瓦里关的赵玉成刚好就在北京，要不你问问他？”

也是在这个办公楼里，今年 89 岁的中国科学院院士周秀骥说，他惦记着站上的人。30 年前，周秀骥登上瓦里关山，对站址进行考察。30 年后，他告诉来采访的记者：“站里的人十分不容易，要感谢他们。”

有时候，站里也会选派人员到国外培训，打开一段跨国友谊。

老赵还记得，1996年，他被派到加拿大，跟着当地专家学习气溶胶化学采样设备的安装、运行、维护。当时加拿大气象局分析实验室有一位专家叫川维特，负责给来自不同国家大气本底站的工作人员培训。5个月的培训，老赵学习很认真，他们也结下了友谊。再后来，川维特牵头一个甲烷观测仪器培训项目，把老赵请到办公室，热心询问："你能不能继续留下来学习使用这台甲烷设备？这样你回去后，站里有个人懂这台仪器，以后如果仪器出问题，你们马上就能处理好，不需要再把北京的专家叫过去处理，少耽误一些时间，数据也不会缺测太久。"

因为当时站里人手紧张，川维特的这个想法最后还是没能实现。过了四五年，老赵意外听说，"老川"已经去世了。"我去的时候，川维特身体还挺好的。"老赵感到惋惜。

瓦里关，就是这样一个与科学联结在一起的地方。在这里，"科学无国界"得到了最好的证明。

前台长德力格尔曾经请人画过一张设计图，在这张图里，是他梦想中瓦里关本底台的样子——仪器在3816米的山顶，人驻扎在山脚，一台直升机可以用短短几分钟的时间，消弭600米的高度差，来本底台进行科学试验的国内外科学家，可以在此地中转，以适应高海拔环境；业务人员和专家可以在这里过夜，不必受失眠折磨。

德力格尔承认，这有些超前。但当时他觉得，这可以帮助大家更专注于科学本身，无论国内还是国外专家，无论站里还是外来的人。他希望在大家的努力下，本底台的数据价值可以尽可能多地得以应用。

珍视并享受"高光时刻"

"高光时刻"的选择对于他们来说是一个难以取舍的问题，所以只能大致选择其中一个来作为答案。

对于老季来说，可能是在南极。

本底台目前已有7人次被选派到南极开展气象观测。季军就是其中一位。

那是在南极中山站，有一次外面是暴风雪，站长为他担心，"这么大的暴风雪，根本过不去。"

"如果缺测一次，我跟中国气象科学研究院和青海省气象局交代不了。"季军说。这也是他在瓦里关恪守的纪律，尽最大努力不缺测。他拿着强光手电，本来 5 分钟的路程，他走了 20 分钟，手伸到眼前都看不见。摔了一跤，摸到排水管道，才知道已经到了观测室。当时把报发完，没法再回去了，就睡在了观测室。

“那是我在南极遇到的最大的暴风雪。”季军说。

对于老黄来说，可能就是“上山”。

30 年的时间，在黄建青和瓦里关之间拉出了一个特殊的引力场。你可以理解为“矛盾”，也可以想象为“引力”：在山上时间长了，想下去；下去时间长了也不行，又想上去。

不同于城市有来自四面八方各种频率的振动，山上清净，只有仪器，而他熟悉且可以熟练处理它们内部每一根盘根错节电线的走向。在那里，大家称呼他“老黄”，让同事们心服口服，因为“确实本事挺大”。

对于刘鹏来说，可能是 2008 年，他在站里收到快递的那一刻。

每周三上午，值班人员会把装有瓦里关山上大气的采样瓶封号打包，经由西宁快递至北京，再通过美国大使馆邮寄到远在太平洋中部的 NOAA 实验室进行样气测量。此后，同一个纸箱会原路返回，周而复始。

好像是在 2008 年吧，他像往常一样拆开那个熟悉的纸箱，除了样品瓶，这次多了一张纸，上面用英文写着：“感谢你们多年来的努力工作。”

那一刻的震动，他不会忘记。

最后一天，中国气象报社驻青海记者站站长金泉才老师也讲了一个他跟瓦里关有关的高光时刻。

这一天，他与退休多年的老台长德力格尔重叙，唤起了他的记忆。金老师感慨地说：“2015 年，瓦里关温室气体监测团队获周光召基金会气象科学奖，同时获奖的三位代表受邀去清华大学论坛为师生们分享经验、感悟，当时是我跟着德台去的。德台讲的时候，下面好多师生都哭了。”

来源：《中国气象报》（2021 年 8 月 17 日）

作者：卢健 张琪

记者手记

跳开沉浸式叙事，只从一个普通人的视角来看，本底台是一种什么样的存在？

从瓦里关结束采访回到北京后，我突然很想知道这个问题的答案。尝试了很多平台，搜索结果却让人有些失落。在知乎上一个“夏威夷州”板块里，有一个问题：“第一次去夏威夷选哪个岛好？”冒纳罗亚（MLO）在其中一个答案里巧妙地露了个脸。有人在回答里将这个全球历史最悠久的大气本底站所在的活火山，推荐为很棒的观星地。

在世俗的喜好里，观星当然比监测看不见摸不着的大气有吸引力。

而对于距离 MLO 几万千米外，位于中国青海的瓦里关本底台大概更是如此。只不过，它还要在 MLO 的基础上，扣除掉“海岛风情”“温暖气候”和“惬意繁华”“自由便利”，留下的是更高的海拔、更稀薄的氧气以及荒凉的山体和只会把人越吹越冷的大风。

小众、偏远、缺氧，客观讲，在这里工作，即便每天有全球最先进的监测设备，仍然不是一个很吸引人的“剧本”。两个人一组，上山 10 天，守护仪器，记录数据，工作内容就像显示屏上极有规律的二氧化碳浓度曲线一样，只看形状，今天和昨天基本一样，昨天和前天基本一样。

但这一次，我有点冲动想写一些不一样的小故事，因为我见到了数据后面那些久闻其名的人。抛开“周光召基金会气象科学奖获得者”“最美科技人”的标签，他们像你我一样，是一个个普通人——他们有迷惑，但会努力地在内心与自我一点点地和解；他们会孤独，但更振作，学一点规定动作外的技能，给自己多一点快乐；他们会吐槽，但在关键时刻仍然选择守护职业尊严。

推翻重来，最后过滤下来的，就是这样一些“基础故事”。

那里属于他们，也可能属于我们每一个人。它们都有一个永恒的主题：无论是工作还是生活，怎样不断和内心达成和解，永远拥有刷新人生的勇气？

作者：卢健（中国气象报社）

问道苍穹再远行

——记瓦里关中国大气本底基准观象台成立 25 周年

瓦里关山，一座东北—西南走向的孤立山体，静静卧在青海省海南藏族自治州共和县。

在平均海拔超过 4000 米的青藏高原，海拔 3816 米的瓦里关山不算巍峨。25 年前，因为中国大气本底基准观象台（以下简称“本底台”）的建设，瓦里关闻名于世。而中国，也从这里迈出了保护地球的重要一步。

建设——中国政府对世界的庄严承诺

时间回到 1989 年 11 月，一群年轻的气象“突击队员”在没电没路的瓦里关搭起了帐篷，布设仪器，开展气象观测，积累原始资料，为申请建设我国乃至欧亚大陆唯一的本底台做准备。1991 年，时任中国气象科学研究院院长周秀骥带领一批科研工作者站在瓦里关山顶，再次对拟建的本底台站址进行考察。

彼时，世界气象组织（WMO）全球大气观测系统刚整合完成不久，联合国政府间气候变化专门委员会（IPCC）第一次评估报告即将出炉，全球二氧化碳浓度的升高趋势越来越不容忽视，南北两极等地纷纷建起大气本底基准观测站。但欧亚大陆腹地的大气本底基准观测仍是一片空白，从已有观测站获得的数据尚不能代表全球气候变化的真正状况。

能否在中国内陆高原建一座本底台？设想一经提出获得积极回应。

“中国正在同世界气象组织、联合国开发计划署和联合国环境规划署合作，在青藏高原建立世界第一个内陆型全球大气本底基准观测站。它的建成将有助于全球大气观测事业发展。”1992 年，在 WMO 气候变化和环境发展大会上，时任国务委员宋健代表时任国务院总理李鹏在致辞时表示。

建站伊始，加拿大、澳大利亚等国的专家漂洋过海来到瓦里关山，手把手教本底台工作人员使用仪器。“有个加拿大专家长得像白求恩，总是不厌其烦地一遍遍教我们，他和建站的工作人员一起吃、一起住，菜是生菜蘸酱，饭有面包就足够，从来不会多提要求。”时任本底台负责人朱庆斌说。

1994年9月15日，WMO代表联合国开发计划署与中国政府同时在日内瓦和北京宣布：世界上海拔最高的监测臭氧和温室气体的观象台将在中国开始工作！9月17日，本底台正式挂牌成立，填补了WMO全球大气本底基准观测站在中国和欧亚大陆的空白。

虽是蹒跚起步，但在全球大气本底基准观测和温室气体观测等领域，我国开始有了话语权。

坚守——在山巅测量地球温度

25年转瞬即逝！本底台风华正茂。

在WMO、中国气象局和各级政府关怀下，在一批批气象科技工作者的不懈努力下，本底台茁壮成长，在基本观测、科学研究和应对气候变化等方面做出了卓越贡献。

初冬的瓦里关山宁静祥和，置身于雪山草原，蓝天白云触手可及。值班室大厅的墙上挂着一幅世界地图，上面用不同颜色和图形标注着分布在世界各地的数据处理中心和仪器质量控制中心，这些中心接收并处理本底台获取的数据，对研究和评估全球气候变化起着重要作用。

通过25年的建设和完善，到目前，本底台实现了温室气体、气溶胶、太阳辐射、放射性物质、黑碳、降水化学和大气物理等30个项目60多个要素的全天候、高密度观测，每天产生6万多个数据，基本形成了覆盖主要大气成分本底的观测技术体系和系统。

25年来，一批批本底台气象工作者前赴后继，以做好基础观测为己任，为形成长时间序列的温室气体观测资料不断努力。用本底台观测资料绘制的二氧化碳变化曲线，被人们亲切地称为“青藏高原曲线”“瓦里关曲线”。

本底台观测的温室气体资料，也是《联合国气候变化框架公约》的支撑数据，其结论具有政策指示作用。观测数据不仅服务于中国温室气体公报，也作为我国宝贵的温室气体资料参与全球气候变化大会。这些观测数据现已进入世界温室气体数据中心和全球数据库，用于全球温室气体公报和WMO、联合国环境规划署、IPCC等的多项科学评估。同时，本底台也为青海省温室气体公报的发布和污染源清单的调查与统计提供参考数据。

自建设以来，本底台先后协助国际组织和有关国家科研机构完成30多个科学试验项目。据统计，采用本底台观测数据发表的科学论文超过180篇。

本底台先后派6人次前往加拿大、澳大利亚、德国等地学习深造，有7人次经选拔参加南极科学考察，成为我国南极科考的气象后备人才培养基地。

2006年，本底台被科技部列入国家野外科学观测试验站。2010年被科技部评为国家野外科学工作先进集体。2015年，因在观测温室气体等领域有突出贡献，获得周光召基金会颁发的气象科技团队奖。2018年，本底台野外试验基地入选中国气象局首批野外科学试验基地。

为了保证瓦里关的观测环境，当地政府做了大量工作，方圆50千米不设工矿企业，飞往玉树的航班也为此更改航线，同时还协助气象部门先后实施道路维护、电路改造等项目，职工工作生活环境、探测环境等得到有效保障。

初心——在云端扛起责任

对于温室气体本底浓度观测来说，瓦里关是一个科学合理的地方；但对人类来讲，海拔3816米却是一个时刻都在挑战极限的地方。

目前，本底台有10人轮流值班，每组两人，每十天轮换一次。尽管大多数工作人员来自海拔2000米左右的西宁市，但每次换班仍然免不了高原反应。上山如同背着30千克的行李，爬两步楼梯就气喘吁吁，因缺氧嘴唇发紫，头两天几乎睡不着觉。但较之高原反应，寂寞和孤独更难忍受。

常年上下山，对人体健康十分不利。本底台曾经的一位专职司机，在工作的10多年里，上山1000多次，最后因患严重的肺心病去世。

海拔高、气压低，瓦里关常被云雾包围。“常有朋友问我，瓦里关在哪里，我笑着说，在云里。这座山顶耸立的建筑，播撒的希望，在我们心里从来都是沉甸甸的。每当拿起行李、背上充足的物资爬上山头时，一种归属感扑面而来。不要问我从哪里来，我的梦想在云端。”本底台的老同志黄建青说。

室外的一座梯度观测塔高 80 米，维护任务重，不论严寒酷暑、刮风下雨、风吹日晒，观测员爬上爬下，清理结冰、除尘、加固仪器，保证观测正常进行。

观测使用的仪器大多为高精度光学仪器，由 WMO 从各国调配，仪器性能、原理、软件系统等差别较大。有些仪器操作步骤复杂、标定调试工序严格、技术资料基本为外文。为了熟练使用仪器，他们通过出国进修、请专家讲课、自己培训、自学等方式攻克难关，熟练掌握仪器设备的使用方法，高质量完成了观测业务。

在高海拔地区使用精密仪器，往往故障率偏高。经过多年努力，本底台工作人员总结了一套调试维护仪器、排除故障的方法，现在基本形成了系统规范的运行、管理技术体系。

国家气候变化专家委员会主任委员杜祥琬院士到瓦里关后，深深为瓦里关气象工作者的执着、坚守和奉献感动。“他们终年坚守在这山巅，耐得住孤寂，扛得住艰辛，一丝不苟地观测，使中国对大气研究的贡献享誉全球。在这里，我们见证了科技工作者应有的本色，找到了科学精神的当代基准，再次感悟了堪称民族脊梁的价值观。”

宝剑锋从磨砺出，梅花香自苦寒来。展望未来，一幅更加壮丽广阔的蓝图已然绘就：总投资 980 万元的本底台业务用房建设项目已获批，未来这里将建设科学化、标准化、规范化的实验室，做到业务区与生活区分开，彻底改善本底台目前的工作生活环境，促进大气监测业务再上新台阶。

来源：《中国气象报》（2019 年 11 月 13 日）

作者：金泉才 刘鹏 容锦盟

在世界屋脊绘就“瓦里关曲线”

4 月 22 日为世界地球日。多年来，高原气象工作者为地球“测体温”，在世界屋脊绘就“瓦里关曲线”。

春季，瓦里关中国大气本底基准观象台依旧雪花纷飞，该站位于青海省海南藏族自治州共和县瓦里关山，海拔 3816 米，是世界气象组织 32 个全球大气本底观测站之一，同时也是全球海拔最高、欧亚内陆腹地唯一的全球大气本底观测站。

1994 年 9 月 15 日，世界气象组织代表联合国开发计划署和中国政府同时在北京和日内瓦发布新闻宣布，世界上海拔最高的监测臭氧和温室气体的观象台将在中国开始工作，瓦里关山是全球环境基金在全球援建的六个观测站中的第一个。1994 年 9 月 17 日，中国大气本底基准观象台挂牌仪式在青海瓦里关山举行，瓦里关站正式投入运行。

43 岁的王剑琼是瓦里关中国大气本底基准观象台副台长。2003 年，作为一名实习生，他第一次踏上了与瓦里关的邂逅之旅。从青海省会西宁出发，一路飞驰在空旷的草原上，他对即将开启的职业生涯充满好奇与憧憬。

对于大气成分本底浓度观测来说，瓦里关近 4000 米的海拔高度是开展观测的理想场所。但对于处在这一环境中的人类来讲，这里却是一个时刻需要挑战极限的地方。

瓦里关站年平均气温在 0 ℃以下，年平均含氧量相当于海平面的 67%。

“刚到这里时，走路如同背着 30 千克行李，快走两步都会气喘吁吁，整日头疼欲裂，晚上几乎无法入睡。”王剑琼说，“面对恶劣的工作环境，我曾暗生退意，但每当想到很多老前辈在此拼搏一生，我总会在心里默默为自己打气。”

观测站在高山之巅、云层深处的“无人区”，每天清晨起，观测员们会遵循流程做固定采集，其他时间如果遇到下雨等情况就及时收集样品，遇到刮大风赶紧检查设备运行状况……

观测站离最近的镇子有20多千米，平时在值班期间，观测员生病了也只能吃药硬扛。为了确保瓦里关这片“净土”不受影响，本底站周围方圆50千米内没有建设任何工矿企业。为了减少做饭时油烟等人为污染对观测数据的影响，观测员在山上常年一日三餐食用半成品，很多人患上了肠胃疾病。

气象工作者在云端扛起了气象观测的大旗。

30年，弹指一挥间。目前，瓦里关站实现了温室气体、卤代气体、气溶胶、太阳辐射、放射性物质、黑碳、降水化学和大气物理等30个项目、60多个要素的全天候、高密度观测，每天产生6万多个数据，基本形成了覆盖主要大气成分本底的观测技术体系和技术系统。

青海省气象局总工程师伏洋说，用瓦里关站观测资料绘制并每年更新的“二氧化碳变化曲线”是这里近三十年来最具代表性的成就之一，被称为“瓦里关曲线”，与美国夏威夷冒纳罗亚全球大气本底站自20世纪50年代以来的观测数据完全吻合，成为证明全球气候变化、支撑《联合国气候变化框架公约》的重要依据。

“这也是中国作为负责任大国，积极参与和引领全球生态环境治理的生动范例。”伏洋说。

59岁的黄建青是瓦里关站的老观测员，每次返回工作岗位，他都需要爬上通往“本底台”的99层阶梯。检查仪器、记录数据、更换采样膜、采集大气样本……他和同事每天的工作，在旁人看来简单枯燥，但极为重要。

“我们天天面对着这些仪器，上班时思想高度紧张，要时刻盯着仪器。值班人员大多都有职业病，经常睡觉的时候会惊醒，生怕漏掉一个关键数据。”黄建青说。

3816米，既是海拔的高度，也是精神的刻度。

中国工程院原副院长杜祥琬院士来到瓦里关站后说：“监测人员终年坚守在这山巅，耐得住艰辛和孤寂，他们进行气象观测，一丝不苟，使中国对大气研究的贡献享誉全球。在这里，我们见证了科技工作者应有的本色，找到了科学精神的当代基准。”

来源：新华社（2024年4月23日）

记者：李琳海 王金金

在世界屋脊为地球测温

穿过青海牧区的土路，仰望海拔3816米的瓦里关山，山顶的监测塔和灰色房子依稀可见。

“你们去哪里？”山脚下，57岁的藏族志愿者索果一年间曾劝阻百余人上山，以免影响监测效果。见是访客，他一再叮嘱记者“山上不要烧火做饭”。

车辆在山壁与悬崖间的夹缝中蜿蜒而上。刚跨过“九曲十八弯”，进入站里的99级台阶又让人犯了难——耳边风声呼啸，仅迈上20多级台阶，记者就感到胸闷气短、心跳加速，体会到“山上含氧量相当于海平面的67%”带给人体的切身感受。

这条路，站里的科研人员走了30年。

972平方米业务用房、50多台设备，每组两人值班监测、每10天轮换一次……作为世界气象组织全球大气观测（WMO/GAW）32个全球大气本底观测站之一，1994年挂牌成立的中国大气本底基准观象台（瓦里关国家大气本底站，以下简称“瓦里关站”）是世界海拔最高、欧亚内陆腹地唯一的全球大气本底观测站。

“瓦里关站具有适宜的海拔高度和地理位置。这里远离城市，无局地污染影响，能够代表绝大多数混合均匀全球欧亚大陆大气本底的状况。”中国大气本底基准观象台台长李富刚介绍。

凭借多年积累的观测数据，中国大气本底基准观象台科研团队绘就了业界闻名的“瓦里关曲线”，揭示出全球二氧化碳含量与气候变化的深刻关系，成为支持全球温室气体浓度持续上升的有力证据之一。

“在印尼巴厘岛、丹麦哥本哈根世界气候大会及其他国际性气候变化谈判会上，我国一直是全球气候变化多边进程的积极参与者和坚定维护者。其中气候变化科学观点的一个重要支撑，就是‘瓦里关曲线’及相关观测数据。”曾在瓦里关站工作21年、现任中国大气本底基准观象台副台长的王剑琼说，这些观测资料已进入温室气体世界数据中心和全球数据库，用于全球温室气体公报以及 WMO、联合国环境规划署、联合国政府间气候变化专门委员会（IPCC）等机构的多项科学评估。

数据，数据！

“风速超过了 2 米 / 秒，可以采样。”一大早，瓦里关站观测业务负责人王宁章和观测员任磊检查完仪器后，拎着 10 多斤[①] 的人工采样设备，来到室外温室气体采样区，开始采样操作。

首先是清洗采样瓶。王宁章打开采样箱，拉出 5 米高的采样杆，屏住呼吸，打开开关，采样泵发出“轰隆隆”的声响。详细记录完此时采样箱显示的电压、气体流量等参数后，他跑到 10 多米远的下风向处，才停下来喘起粗气。“要避免工作人员呼出的气体影响采样结果。”王宁章告诉记者。

15 分钟洗瓶结束后，王宁章回到采样装置前，再次屏住呼吸，关掉出气口，随后转身屏息跑到远处空旷区，然后一边大口喘气，一边等待采样瓶“吸”足空气。“洗瓶、采样的时间和流程，都有严格规定。”王宁章说，为了避免近地面上升气流对空气样品产生影响，上午 09 时前必须完成采样。

这一切精益求精的操作，都是为了精准采集样本，从而确保后续对样本检测数据的精确。瓦里关站目前已实现对部分观测要素的连续在线监测，但人工采集的空气样本仍是对设备自动监测能力的重要补充。每周，瓦里关站科研人员都要定点进行一次户外采样。

采集完样本，王宁章又回到实验室进行观测设备的日常巡视。随后，他和科研人员把采样瓶密封打包，寄到中国气象局和 WMO 中心实验室，获取并分析瓦里关站碳同位素、氧同位素等要素浓度。

“利用高精度温室气体在线观测仪器等先进设备，瓦里关站实现了温室气体、反应性气体、气溶胶、降水化学 / 酸雨、太阳辐射、臭氧柱总量等 30 个项目多个要素的全天候、高密度观测，每天产生 6 万多个大气成分观测数据，基本形成覆盖主要大气成分本底的观测技术体系和技术系统。”王剑琼介绍，二氧化碳、甲烷等监测数据及分析结果在 WMO 温室气体数据中心网站进行全球共享，成为我国参与气

---

① 1 斤 = 0.5 千克，下同。

候变化谈判以及全世界科学家研究气候变化的重要数据。其中的温室气体及臭氧总量观测数据，还成为我国风云三号气象卫星、碳卫星等产品的地基检验数据。

“为确保数据精确，我们一开始就按照国际标准开展观测，增强可比性和参考性。”王剑琼说，为确保观测数据质量，瓦里关站使用与 WMO 同一序列的标准气进行校准。

数据质量好不好，巡回比对见真章。

WMO 每两年组织一次二氧化碳、甲烷、一氧化碳、氧化亚氮等测量质量的国际巡回标定和比对。

“30 年来，瓦里关站在历次开展的国际巡回比对中都达到了世界气象组织对全球本底站的质量管理要求。这些连续、精准、高质量的大气本底观测数据，为气候变化研究、大气成分分析等工作提供了重要支撑，为促进全球气象科学的发展贡献了我们的力量。”李富刚说。

设备“上新”

“在线监测仪，用来监测挥发性有机化合物；多轴差分光学吸收光谱仪，用来测量大气痕量气体、气溶胶和其他大气成分；脉冲荧光二氧化硫分析仪，可以吸收紫外光并重新发射为荧光，进行检测和量化……”2022 年，读研深造毕业后再次回到瓦里关站工作的任磊，发现在离开的两年多时间里，站里“上新”了不少设备。

“这些监测设备具有高精度、高灵敏度、高稳定性等特点，能够捕捉到大气中各种气体成分的微小变化。”王剑琼介绍。

王宁章举例说，当前全球大气二氧化碳平均浓度超过 400 ppm（百万分之一），年增长 2 ppm 左右。要想准确监测其变化，所用仪器精度就要达到 0.1 ppm，即至少要比年增长数值低 1 个数量级。

新设备在观测精度、方法、效率方面的优势显而易见。“以前温室气体浓度的观测设备，1 分钟才能出 1 个数据。”王剑琼说，现在运用光谱法测量，每 1 秒出 1 个数据，精度能达到 0.025 ppm，“这是一个重要的发展”。

观测要素也增加了：原来只能做二氧化碳、甲烷等常规温室气体观测，现在新设备能检测出氧化亚氮等更多要素，有效提升后期碳中和效果评估的准确性。

数据清洗、融合等方法，可以剔除错误数据；通过筛分、拟合等方法，可以得到长序列、高精度的数据集。

“针对瓦里关山黑碳气溶胶数据，我们建立起历史监测数据质量控制方法，分析其浓度的日、月、年及年际变化特征；采用后向轨迹等分析方法，分析影响它的主要排放源及其输送特征。使用这些新的分析方法，可以依托监测数据开展黑碳气溶胶与气候变化之间的关系研究。”任磊说，同样的分析方法还应用于对二氧化碳、甲烷等温室气体的严格分析。

随着观测设备和方法的不断进步，瓦里关站逐步实现了温室气体全要素和重要示踪物在线观测，基本达到全球大气观测计划（GAW）中大气成分要素的观测全覆盖，为应对气候变化和“双碳”战略提供基础支撑保障。

应用提速

2022 年，由中国大气本底基准观象台牵头申报的“青海省温室气体及碳中和重点实验室”入选青海省新建省级重点实验室。实验室当年完成的《青海省温室气体监测公报》，拓展了依托瓦里关站等监测数据、面向地方开展气象服务的新领域。

参与公报编制的任磊发现，让“瓦里关曲线”有更大作为，不能止步于已有的基础、能力和成绩，需要将更多精力放到气象监测数据背后的机理研究上，挖掘数据资源的深层次价值。这也是许多气象基础研究领域面对的共同课题。

瓦里关站的未来规划，越来越清晰。

开放合作提升技术水平。“在保证气象数据安全的前提下，我们将与有关高校、科研院所加强技术合作。”任磊说，合作目标是实现观测设备等资源共享，进一步提高核心技术攻关水平。

与其他本底站的交流也将持续加强。“包括观测设备标校溯源与比对技术、数据质量控制技术、数据分析技术以及新观测技术应用、大气成分预报、数值同化等，多维度开展合作与交流。”王剑琼说。

“云 + 端”升级推出产品。中国大气本底基准观象台将基于温室气体监测评估基础数据、碳监测评估技术方法体系等，建立以大数据云平台为“云”、碳监测评估业务平台为“端”的业务服务平台，实现多源资料数据快速标准化处理，提升碳监测评估业务产品自动生成和一体化发布能力。

“基于温室气体、反应性气体、气溶胶等观测数据，我们将针对敏感领域和重点行业，尝试开展二氧化碳、黑碳、甲烷等大气成分变化对冰冻圈、草地生态系统等的影响评估，发布专题服务产品。”青海省温室气体及碳中和重点实验室主任李红梅介绍，实验室还将围绕实施“双碳”战略等重大服务需求，适时发布决策咨询报告。

不断提供技术支撑。作为中国气象局温室气体压制站点之一，瓦里关站长期为气象部门温室气体计量技术机构提供高精度温室气体初始标准气，仅 2023 年就压制标准气超过 150 瓶。

目前，瓦里关站配气中心已形成高精度温室气体观测混合标准气的配制方法和地方标准，包括技术规范、流程、方案等，为全国温室气体监测提供技术支撑。“下一步，瓦里关站将开展卤代温室气体标准气配制的研究工作，不断满足温室气体不同要素的监测需求。”王剑琼说。

采访结束时，记者爬到瓦里关山高处眺望：天空湛蓝、云朵雪白、层峦叠嶂。不远处，天高地阔，几名观测员正进行观测，在世界屋脊，为地球“测温把脉”。

来源:《瞭望》新闻周刊（2024 年 7 月 15 日）

记者：屈辰

Tracing Climate Change on Roof of World

XINHUA NET

Published：2024-05-14 16:32:29

Updated：2024-05-14 17:59:07

* Located more than 3,800 meters above sea level on the Qinghai-Xizang plateau, the China Global Atmosphere Watch Baseline Observatory on the top of Waliguan mountain went into operation on Sept. 17, 1994.

* Currently, the observatory is capable of accurately monitoring 30 items in high density all day long, producing over 60,000 data pieces every day.

* One of the most representative achievements of the past 30 years is the “carbon dioxide curve,” which is also known as the “Waliguan curve.”

（位于青海 - 西藏高原海拔 3800 多米的瓦里关山顶，中国全球大气本底基准观象台于 1994 年 9 月 17 日投入运行。

目前，该观象台能够全天候高密度精确监测 30 个项目，每天产生超过 6 万条数据。

过去 30 年中最具代表性的成就之一是“二氧化碳曲线”，也被称为“瓦里关曲线”。）

XINING, May 14（XINHUA）-- Wang Jianqiong, 43, has been “taking the temperature of the Earth” for over 20 years at the world’s highest baseline observatory in the hinterland of Eurasia. Wang, deputy director of the China Global Atmosphere Watch Baseline Observatory on the top of Waliguan mountain in northwest China’s Qinghai

Province, has been working there since 2003.

（西宁，5 月 14 日（新华社）——43 岁的王剑琼在欧亚大陆腹地的世界最高本底基准观象台上已经“为地球测温”超过 20 年。自 2003 年以来，王剑琼一直在中国全球大气本底基准观象台的瓦里关山顶工作，他现任该站副主任。）

Located more than 3,800 meters above sea level on the Qinghai-Xizang plateau, the observatory went into operation on Sept. 17, 1994. It is one of the 32 global baseline observatories established by the World Meteorological Organization.Waliguan is an ideal place for observing the atmosphere. But for Wang, this is also a place where even seemingly simple tasks can be very challenging.

（位于青藏高原海拔 3800 多米的瓦里关本底台，于 1994 年 9 月 17 日投入使用。这是世界气象组织设立的 32 个全球大气本底基准观测站之一。瓦里关是观察大气的理想地点，但对王剑琼而言，这里连一些看似简单的任务也非常具有挑战性。）

“When I first arrived here, walking was like carrying 30 kilograms of luggage on my back. I would be out of breath if I walked quickly. I had a splitting headache all day long, and I could hardly sleep at night,” Wang said.The average annual temperature at the station is below zero degrees Celsius, and the average annual oxygen content is equivalent to 67 percent of that at sea level. Besides, the nearest town is more than 20 kilometers away.

（“刚到这里时，走路就像背着 30 千克的行李。我快步走路就会气喘吁吁，整天头痛欲裂，晚上几乎无法入睡。”王剑琼说。瓦里关本底台的年平均气温低于 0 ℃，年平均氧气含量相当于海平面的 67%。此外，最近的城镇也有 20 多千米远。）

In order to ensure that the observation quality at Waliguan is not negatively affected, no industrial or mining enterprises are allowed within a radius of 50 kilometers.

（为了确保瓦里关观测质量不受负面影响，方圆 50 千米内不允许有工矿企业存在。）

Human interference needs to be minimized when conducting atmospheric baseline observations. Thus, the observers often eat pre-cooked food in a bid to avoid producing too much cooking smoke, which may affect data precision. Many observers thus suffer from gastrointestinal diseases or discomfort.

（进行大气基线观测时，人为干扰需要最小化。因此，观测人员常吃半成品食品，以避免产生过多的烹饪烟雾，影响数据精度。许多观测人员因此患上胃肠疾病或身体不适。）

Huang Jianqing, 59, climbs 99 stair steps to the station every working day. Huang checks instruments, records data, changes sampling film, and collects atmospheric samples -- tasks that may look simple and boring to some, but which are extremely important.

（59 岁的黄建青每天上班都要爬 99 级台阶。黄建青检查仪器、记录数据变化、采集胶片并收集大气样本——这些任务看起来简单而无聊，但却极其重要。）

“We face these instruments every day, and we are on high alert when we work. We must always stare at the instruments. Most of the staff have developed an ‘occupational disease.’ They often suddenly wake up in the night for fear of missing key data,” Huang said.

（“我们每天面对这些仪器，工作时高度警惕。我们必须始终盯着仪器。大多数员工都患上了一种‘职业病’，他们常在夜里突然醒来，担心错过关键数据。”黄建青说。）

Atmospheric observers like Wang and Huang have battled the harsh environment to monitor greenhouse gases and carbon dioxide. Currently, the observatory is capable of accurately monitoring 30 items in high density all day long, producing over 60,000 data pieces every day, and forming an observation system that covers major atmospheric components.One of the most representative achievements of the past 30 years is the “carbon dioxide curve,” which is also known as the “Waliguan curve,” drawn from the observations at the station and updated annually.

（像王剑琼和黄建青这样的观测人员，在恶劣环境中坚持奋斗，监测温室气体和二氧化碳。目前，瓦里关本底台能够全天候高密度精确监测 30 个项目，每天产生超过 6 万条数据，形成覆盖主要大气成分的观测系统。过去 30 年中最具代表性的成就之一是“二氧化碳曲线”，也被称为“瓦里关曲线”，从瓦里关本底台的观测数据中绘制并每年更新。）

Data produced via the Waliguan curve is consistent with the observation data produced by Mauna Loa Observatory in Hawaii since the 1950s, and has become an important basis for proving global climate change and supporting the United Nations Framework Convention on Climate Change, according to Fu Yang, chief engineer of Qinghai's meteorological bureau.

（“瓦里关曲线”生成的数据与自20世纪50年代以来夏威夷冒纳罗亚观测站的数据一致，已成为证明全球气候变化和支持《联合国气候变化框架公约》的重要依据，据青海省气象局总工程师伏洋介绍。）

"This is a vivid example of China, as a responsible major country, actively participating in and leading global ecological and environmental governance," Fu said.
（“这是中国作为一个负责任的大国，积极参与并引领全球生态环境治理的生动例证。”伏洋说。）

Du Xiangwan, an academician from the Chinese Academy of Engineering, said the observers endure hardships and loneliness on the mountain all year round, and that their meticulous work has earned China a global reputation in the field of atmospheric research.

（中国工程院院士杜祥琬表示，观测人员全年在山上忍受艰辛和孤独，他们的细致工作为中国在大气研究领域赢得了全球声誉。）

（Video reporters：Wang Jinjin, Li Linhai; Video editors：Zhu Cong, Roger Lott, Hui Peipei）

第5章 南极时光

南极考察

我们一般把南纬 60° 以南的地区称为南极，总面积 1400 万平方千米，四周被太平洋、大西洋和印度洋所包围，到目前为止还没有定居的居民，自然环境基本上保持了原始状态，得天独厚的地理条件是进行南极海洋和大陆科学考察的理想区域。只有来自各个国家的科考人员进行气象、地质、冰川、海洋生物以及环境等方面的研究。南极是一个既熟悉又陌生的名字，一个既神奇又神秘的地方，一个令人向往的冰雪世界，一块地球上唯一没有受到人类破坏和污染的大陆。她是一方净土，让许多人魂牵梦萦的风雪世界，称为地球上的三极之一。我作为第 22 次极地考察队的一员，于 2005 年 11 月 18 日从上海民生码头乘“雪龙”号极地考察船前往南极进行科学考察。经过一个月的海上漫长的长途航行，“雪龙”号终于在 2005 年 12 月 18 日凌晨抵达南极中山站。下面介绍我在南极中山站工作、学习、生活的情况。

“雪龙”号开始破冰

中国南极中山站建成于1989年2月26日，以中国民主革命的伟大先驱者孙中山先生的名字命名。它位于东南极大陆伊丽莎白公主地拉斯曼丘陵的维斯托登半岛上，地处南极圈之内，普里兹湾东南沿岸，距离北京12553.16千米，得天独厚的地理条件是进行南极海洋和大陆科学考察的理想区域，根据中国第22次南极科学考察队工作计划安排，我在南极中山站的工作任务是进行臭氧总量、常规地面气象观测和大气气溶胶采样。

在船上，作为越冬队的活动组织者，组织和参加了乒乓球、篮球、潜水、拔河、实弹射击等比赛，既锻炼了身体又加深了和队员们之间的感情。在站上，每天下午中山时间15时（北京时间18时）聆听转播的中央人民广播电台的新闻，关心国内的新闻和报道。度夏期间与全队同志一起对上站物资进行卸货进仓的工作，从直升机上搬到库房，又从库房倒腾到其他的房间和冰柜里。有的队员戏谑地说，这一次把一辈子的体力活都干完了。累就不用说了，主要是南极紫外线特别强，虽然有防护措施，但强烈的紫外线照射，脸上、手上、胳膊上都被晒得脱了一层皮，生疼生疼的，像黑猩猩一样。参加从站区到“鸳鸯”岛码头公路和输油管道的铺设义务劳动，在此期间站上人员比较多，厨师的工作量较大，我常去厨房帮忙，洗菜、切、煮、炸，只要我会的都干，这样给大厨减了一半的劳动量。我们到达中山站的时候是南极洲的极昼，刚开始还觉得挺好玩，太阳永远在天空转圈，后来感觉就不妙了，就是不知道时间，即使知道时间也不知道是早上还是晚上，我们体内的生物钟都乱了，影响最大的是睡觉，没有黑夜的概念，又怕耽误工作和吃饭，来过南极的老队员说多拿几个黑色的袋子把窗子堵住，或在厚的泡沫塑料外面包上深色的东西也行，这样可以休息好。这里最多的是石头、沙子、大海与冰山，常年的湿度都很小，非常干燥，我们经常被静电打得跳起来。

季军（右）与同事铺设输油管路

我们有时候出去“旅游”，非常著名的风景区如“鹰嘴崖”“武夷山”“龙羊峡”等，都是开着雪地车去的，离中山站不远处有澳大利亚的“劳”基地，走路一个多小时就可以到，我们从海冰上走过去，既锻炼了身体，又看了一路的好风景。12月27日，站上安排我们十几个人去企鹅岛玩，当时幻想着是什么景色，但一到目的地就和想象的不一样了，刚靠近岛，迎面一股令人作呕的臭味袭来，不大的一个岛上都是企鹅粪。小企鹅们根本不怕人，排着队引颈高歌，好像在审视我们这些从天而降的人，也许是欢迎远方来的客人。当我们看到毛皮呈灰色的小企鹅走路一摇一摆憨态可掬的样子时，感觉特别好玩，也顾不上什么臭味了，遗憾的是没有看到大的企鹅，想来都出去捕食了。这种是企鹅家族里的巨人——帝企鹅，据说最大的有1.2米高，以前在电视里看过，现在身临其境看着它们又是另一种感觉。

很快21次极地考察队的战友要离开中山站上船回国了，临走前我们两队进行了一场足球友谊赛，虽然足球场是用推土机推出来的一小块长宽各三四十米的沙地，也没有什么裁判和教练，足球也不是正规的，但我们每个队员踢得都很认真、很卖力，就像在参加一场正规的足球赛一样，场外的啦啦队队员更是起劲地敲着锣打着鼓，为双方队员呐喊助威。

两队足球友谊赛

极地的生活很单调，没有城市的喧闹，也没有川流不息的人群和繁华的夜景，所以队员过生日就是比较隆重的事情，大伙开始忙起来，有做生日蛋糕的，有烤风味羊腿的，有做地方风味菜的，还有的忙着拿三脚架录像机录像的，插不上手的人干脆放声高歌。大家互相敬酒，吃着丰盛的晚餐，聊着开心的事情，又跳又唱。

南极的冬天是寒冷的，我们在这里越冬就要体验一下严冬的滋味。2005 年的冬天最低温度是 –45.9 ℃，今年会是多少呢，我们期待着超过去年的最低值。极夜来临了，眼看着白天越来越短，黑夜越来越长，站长提早做了动员，组织了乒乓球比赛、健身拉力比赛等，没什么，不就是有两个月见不着太阳嘛，在无风的晴朗夜晚，抬头看着天空，美丽的极光就在你的头顶上，像雾、像云，又像棉絮，变换着各种绚丽的姿势，好像伸手就能触摸到一样，美得令人无法形容。

最隆重的节日要属南极特有的“仲冬节”，也就是我们二十四节气里的“夏至”，此前收到了中国气象局和中国气象科学研究院的慰问电，还有有关单位、国外相邻站的祝贺电文，我站请了俄罗斯“进步二站”的越冬队员来和我们一起过节，当然，我的老朋友安德烈也来了，他是一个老南极队员了，在站上是计算机管理员，他告诉我说，回去和妻儿团聚后准备到北极进行考察，因为他们都是职业考察队员，这一生都要为极地事业做贡献。

站上除了工作娱乐就是吃饭睡觉，我介绍一下工作和学习情况。在站上进行的观测项目有常规气象观测，电离层、高空大气物理观测，海洋预报、辐射、臭氧监测，固体潮观测，地震地磁绝对值观测，海冰观测等。我承担北京时间 02 时观测，臭氧仪的观测是全自动的，白天基本上巡视 8 次以上，因为设备的陈旧老化，有时会出现意想不到的问题，所以对仪器的巡视比较勤。在站上每个房子都有一个好听的名字，像生活栋、发电栋等，我是臭氧和气象观测，大伙开玩笑叫我是“臭气栋”栋主。2006 年 7 月 16 日晚上遇上了暴风雪，02 时我去气象观测，100 多米的距离，我居然迷路了，手里拿着强光手电，照着四周到处是白茫茫的一片，什么都看不见，当时也没有慌，心里只是提醒自己：没关系，风雪一会儿就小了，凭着记忆中的大概位置侧身退着走，终于碰着了一个集装箱，一看是气象库房，再往前走 10 米到了观测室，顶着暴风雪费力地打开百叶箱，眼睛几乎是贴着温度表，双手牢牢抓住百叶箱的门，特别困难。观测回来，宿舍是回不去了，只有在观测室休息，一晚上就像坐着飞奔的火车“轰隆隆”到天亮。

我对负责的臭氧仪器进行了UV-B的标定和系统各参数的检查，中山站臭氧仪每天的观测内容为大气臭氧总量、二氧化硫、二氧化氮和辐射观测，这和瓦里关有些区别，但很快就熟悉了。冬天给仪器穿上“衣服”，进行冬季的防护措施。在出现有臭氧值后每周给WMO和中国气象科学研究院发臭氧公报，从观测数据来看，2006年应该是南极臭氧层比较薄的一年，即出现了所谓的南极臭氧空洞。在南极恶劣的天气条件下，任何东西都不是持久耐用的，比如臭氧观测房因年久失修，以及雪水的融化和海盐的腐蚀，大风将房顶的几块铁皮全部吹得卷起来或是吹跑找不到，连外间的房门也晃荡着掉下来。

南极中山站臭氧观测仪器

越冬时管道被堵那是比较烦的事情，我们全站人员顶着大风和寒冷的天气，对每个接口进行检查，污物溅得满身都是，每个人虽然都戴着防水手套，但一碰到水就结冰，手也麻木了。为了越冬期间特别是要熬过大约2个月的极夜，一定要保障上下水的正常流通和排放，也是咬着牙管不了脏不脏的了，把管路疏通好最重要。

经过420天的极地生活，我收获很多，结交了很多朋友，开阔了视野，最后以邓小平同志“为人类和平利用南极做出贡献”的题词来结束本文。

作者：季军（中国大气本底基准观象台）

难忘的南极之行

我叫黄建青，在瓦里关中国大气本底基准观象台（以下简称“瓦里关本底台”）干了整整30年，2024年10月底即将退休。伴随瓦里关本底台建设成长和逐步发展壮大，工作中最自豪的事，是靠自己的力量把一些国外进口的仪器研究明白，并且培养了很多年轻一线监测人员，取得了一些成绩。从事气象工作40多年来，南极之行始终是我难以割舍的记忆，时常回想，留下了深深的遗憾。

记得那是在20世纪90年代初，当时正值瓦里关本底台建设论证初期，我还是兴海县气象局的一名地面观测员，由于工作认真踏实，被抽调到海南藏族自治州气象台雷达组，从事瓦里关本底台的前期论证、业务测试、测雨雷达等工作。1991年6月的一个普通清晨，我还在懵懂中被单位派去中国气象科学研究院学习Brewer臭氧总量仪（进口设备）的安装和操作等知识，从此踏上一条与众不同的大气成分监测之路。

由于具备高海拔地区大气成分、常规气象观测技术和经验，再加上比较年轻，身体素质好，1994年底经单位推荐、中国气象科学研究院南极办公室同意，光荣地成为一名第12次南极科学考察队越冬队员，我也是青海省气象部门第一个去南极参加科学考察的队员，承担的主要工作是Brewer臭氧总量仪的观测和地面气象观测，当时心情十分激动，深感荣幸和责任重大。

1995年2月中下旬，根据国家海洋局南极办的安排，我前往北京通过了严格的体检测试，去黑龙江省亚布力基地进行了为期10天的冬训，学习了《南极考察队员手册》和《南极条约》等，并开展了在野外冰天雪地如何自救等一系列训练。同年9月中旬，前往中国气象科学研究院南极室，进行了为期一周的南极业务培训，那段时间学习紧张，但收获颇丰。

根据第12次南极科考行程安排，这是“雪龙”号南极考察船环球首航，即先到南极长城站，长城站队员进站，卸站物资，装载长城站多年的垃圾后再去南极中山站。1995年11月中旬，我乘坐“雪龙”号科学考察船从上海出发，经过8天的昼夜航行，到达了赤道线，“雪龙”号抛锚停止航行，我们在船上举行了传统的“跨越赤道”仪式。仪式结束后起航，开始了南半球的旅途。又经过8天的昼夜航行，到达了新西兰的克赖斯特切奇的利特尔顿油港码头，进行油料和物资的补充、休整。碰巧美国的“帕尔默”基地考察船也停留在此港口，南极办负责同志组织我们考察队员到“帕尔默”基地考察船上进行参观学习。

5天后“雪龙”号起航继续南下，穿越无风三尺浪的西风带、浮冰区，于12月27日到达了长城站。“雪龙”号在锚地抛锚后，所有船员和考察队员根据分工，立即组织24小时两班倒，开始了紧张的物资卸运工作。给我分配的任务是在中山艇做水手，逮钢丝缆绳，穿梭在雪龙号和长城站码头之间。其间去了长城站内进行参观和业务学习；去了邻近的智利站、苏联站和韩国站进行参观学习。

12月31日19：30左右，“雪龙”号主机出现故障，仓内突发起火。警报响起，船上的全体船员和考察队员全力去救火，很快火势就被控制，但主机仓内的控制线路被烧毁，“雪龙”号无法再正常行驶。全体成员启用应急方案在全力抢修发动机主机机舱设备的同时卸运长城站物资，并向上级部门通报了主机仓内火灾造成的损失以及后续工作安排，决定卸完长城站物资后，将“雪龙”号开到智利的蓬塔进行修理。

1996年1月5日，“雪龙”号离开长城站开往智利的蓬塔，3天后到达蓬塔锚地，等待国内技术人员来修复“雪龙”号。其间考察队员帮助船员完成清洁机舱设备、地板、舱盖等工作。14天的等待后，国内沪东造船厂的4名技术人员到达，开始修理“雪龙”号。近15天的全力抢修后，“雪龙”号控制部分70%得到修复。

由于“雪龙”号的意外事故，耽误了时间，无法继续航行去中山站。科考队决定去中山站的越冬人员减员，从18人减到12人。我也是被减人员之一，服从组织安排，我随“雪龙”号回国，于3月抵达上海。

南极之行，我始终为没能去中山站深感遗憾。

作者：黄建青（中国大气本底基准观象台）

青海人七入南极科考

南极，地球上最南端的一块大陆，以独特的地理位置、恶劣的气候环境、尚未破译的科学奥秘和诱人的矿产资源，吸引着多国科学家前去探秘。从 1995 年起，青海省气象局中国大气本底基准观象台先后 7 次派出 6 人，以南极科考队队员的身份展开气象观测，自此，地处“世界第三极”的青海与南极紧密相连。

1995 年，青海人第一次参加南极科考

青海第一个被派往南极参加科考的气象人是黄建青。那是 1995 年，32 岁的黄建青通过层层考察，成为南极科考队越冬候选队员，“那时黄建青已经在台里从事了 5 年的大气成分观测工作。能成为赴南极参加科考的队员，我们派出的每一名同志政治和业务都是过硬的。”中国大气本底基准观象台副台长张国庆介绍。

黄建青动身前往国家海洋局在黑龙江省亚布力滑雪场建立的极地训练基地，是在 1995 年春节。“没过完春节，我就告别了亲人，到亚布力接受训练。那里温度在 –20 ℃，海拔、环境与南极内陆地区接近。”黄建青说。

除了接受常规的肺活量、心脏动力、血液等检查之外，黄建青在亚布力过了野外生存本领和心理素质两道关。爬山、滑雪、雪中自救、耐寒等训练项目的考核，都是为了保证黄建青与队员们在南极能经受变幻莫测的极地气候带来的严酷挑战。“训练期间，我们曾经四人一组，只携带帐篷、锅、方便面、充气垫展开野外生存训练，我们此前丝毫没有野外生存的技能，难度很大。但是作为南极科考队员，这样的训练是非常必要的，我们要耐得住严寒考验、暴风雪突发时能够自救等。这也有助于队员们在短时间内建立起亲密的关系，相互信任、互相协作。”

在南极科考期间，所有的队员都要与寂寞和孤独斗争，加之还要经历 46 天的极昼、48 天的极夜挑战，所以在加强体能和技能训练外，黄建青必须在最短时间内锻炼出一颗强大的心脏，来应对身体和心理上的不适。

南极科考的青海优势

祁栋林曾两赴南极，第一次是在2000年，参加第17次科考；第二次是在2008年，参加第25次南极科考，他对南极有一种别样的感情。“由于在台里时地面气象观测是辅助项目，大气成分观测完毕后不用发报。可是参加第17次科考时，由于‘雪龙’号没出航，临时削减了一名气象专家。这样一来，我除了要承担出发前已确定的南极臭氧观测工作外，还承担了地面观测工作。中山站是全世界天气网里很重要的一个站点，观测到的数据必须上报，可是我之前从未接触过发报工作，我只好找来相关书籍，反复看了三遍，掌握了基本的发报知识，在工作中学习，在学习中进步。每天进行4次定时地面气象观测，编制气象电报，通过澳大利亚戴维斯站将资料传入世界天气监视网。不辱使命的是，我负责的气象常规与臭氧观测项目全年的数据获取率达到了100%。”

大陆本底基准观象台，全球仅有22个，青海的大陆本底基准观象台为中国唯一，观测项目和设备仪器等与南极中山站基本一样，因此，来自青海的队员上手快，基本不需要培训，出现问题也能够及时得到解决，张国庆认为，这正是青海气象人得天独厚的优势。

祁栋林回忆，他在参加第17次科考时，刚接班就发现Brewer臭氧光谱仪存在问题，时间设定之后无法正常复位，几次手动调整后仍无法复位，拆开水平跟踪器和齿轮进行彻底清洗也不管用。刚去仪器就有问题，祁栋林苦恼不已。因为整个中山站气象专家只有他一人，遇到问题只能自己解决，祁栋林的压力之大可想而知。“有天我在关电源时无意中用手转了一下光谱仪，感觉转到一定角度时有打滑现象，拆开一看，原来是塑料齿轮中间断裂了。问题出在哪里终于找到了，但站里没有配件，我便根据经验调整了齿轮位置，这样虽然会使观测到的SR参数偏大，但不会影响到臭氧观测值。就这样观测了一年，圆满地完成了任务。”

15年来，青海气象人利用在“地球第三极”工作的经验，在南极开展气象科考中，承担臭氧、气溶胶、地面观测等科研任务，并积累了一些数据，为南极科考队顺利开展工作做出了贡献。

在暴风雪之夜做气象观测

南极被称为“暴风雪的故乡”，暴风比地球上任何一个地方都频繁，也更猛烈，且瞬息万变。有人曾说，“南极的冷不一定能冻死人，但南极的风能杀人。”季军对此有着切身感受。

季军是这6位气象专家中最年轻的一位，2005年，他参加了第22次南极科考。其实在亚布力冬训时，他就听老队员讲过南极暴风雪的猛烈程度。但没有亲身经历，总感觉来得不那么真切。

那天季军值夜班，临近傍晚时，一场暴风雪袭来，随着夜色愈来愈浓，凌晨1点，季军要出门做气象观测了，可风更加猛烈起来，撞击着队员们居住的集装箱，呼呼的风声中，房子如火车经过时造成的震动一般，剧烈地抖动起来。按照站内规定，为确保工作人员的生命健康，这样的天气情况下，可以暂停工作。为了保证数据不缺失，他坚定地朝五十多米外的观测点前进。狂风卷起的积雪不断地打在季军的脸上，强光手电射在空中乱舞的雪花里，能见度连一米都不到。走着走着，他踩到了一根管子，他感觉出这是一根发电泵的排水管，原来自己早已走偏了方向。一阵慌乱后，季军迅速镇定下来，他深知如果继续偏离方向，面临的危险将是致命的，唯有迅速调整方向才能脱险。他试图在一片迷蒙中寻找站区的光亮，然而这是徒劳，他只能凭着对站区环境的分析和判断，寻找回去的路。就这样，平日两三分钟的路程，经过二十多分钟，他才摸回了站区。回想往事，季军淡淡地说：“这是职责所在，青海人就应该有这样的精神。”

一部来自青海的推雪车

当“雪龙”号乘风破浪、不断将航道上的冰层破开、一路前行时，出现在郑明眼前的风景逐渐单调，从初见冰山一角时的惊喜，直到后来的满目晶莹，在强烈的视觉疲劳里，他终于抵达终点。就在跳下船的一刹那，一部土黄色的机器跃入了他的眼帘，这是一部由当时的青海工程机械厂制造的推雪车，在冰天雪地里，幽幽地散发着黄土高原般的色泽，看到推雪车上的“青海”二字时，郑明的手微微颤抖起来，他的心一下子回到了一万多千米外的家乡。“‘雪龙’号鸣响汽笛的那一刻，我就已经开始思念故土和家人了，能在中山站看到青海制造的推雪车，让我在意外之余，还感到自豪、骄傲、亲切，以及浓浓的思乡之情……11935千米，这是心与家的距离。”除了科考任务，队员们还要协助站内工作，如站区维护、轮流做饭、帮厨、清扫站内卫生等。郑明的眼中，取淡水是一个极富浪漫色彩的工作，“夏天，我们从站区附近的那汪莫愁湖中取水；冬天则砸下冰块用雪橇运回站区内的化冰池里，加热后用泵抽到水池里，用南极的千年老冰熬茶。”

青海人的环保情结

由于南极的特殊地理位置和气候严寒、冰天雪地，生物在低温状态下生长缓慢，形成了南极的生物种类不多且数量也少的特点。因此，队员们都会严格按照《南极条约》的规定，小心翼翼地保护着这方圣洁之地上的脆弱生态。

“科研人员除了可以采集满足需要的必要样品外，其他任何东西都作为南极的特有财富，不许随意带走。大家都友好地对待动物，尽量避免对它们造成侵扰。在南极，人与动物、与自然是真正的和谐相处。”张占峰回忆。

2008年，祁栋林重踏那片大陆时，发现这里仍如自己八年前离开时的静谧、纯洁，他直呼“一点都没变”。“站区对环境要求非常严格，易拉罐踩扁回收、外出要把烟蒂带回来，放在专门放垃圾的集装箱里返航时随船带回等，大家都在细节上小心翼翼地保护着这里的生态。在站区外偶尔能找到一些野生地衣，那些不到一厘米长的小生命，如同青藏高原荒漠戈壁上顽强生长的点点绿色一样，是那样的弥足珍贵，它们可能已经生长了二三十年，一旦踩坏，十几年也未必能恢复，我们来自青藏高原，深知生态保护的重要性。在南极，青海人像爱护家乡一样来保护这里的生态环境。”

来源：《西海都市报》（2014年2月17日）

作者：郭晓云

我的南极时光

2024 年 3 月 7 日，执行中国第 40 次南极考察任务的“雪龙 2”号在南极秦岭站载上考察队员，启程返回中国。

2012 年 11 月至 2014 年 3 月，我有幸经过亚布力冬训、健康体检、中国气象局夏季培训，而后通过选拔推荐参加了第 29、30 次中国南极科学考察队。我的任务是代表中国气象科学研究院和青海省气象局执行南极中山站气象探测和大气成分监测。内容主要是：臭氧总量、二氧化碳、氧化亚氮、甲烷、黑碳、气溶胶膜采样、FLASK 气瓶采样及气象观测和后勤保障等多项任务。

澳大利亚南极局局长（右一）来中山站交流

考察队员在安装设备

去观测场路上畅通道路

十年过去，许许多多的场景至今历历在目。从亲人、同事的注目中徐徐离开上海码头，渐行渐远，直到相互淡出对方的视线，这个时候才发现，出征南极的队员们眼睛都已经是红红的了。一路南行，经过望加锡海峡，穿过龙目海峡，从浩瀚的太平洋走向长波浪涌的印度洋，两万吨级巨轮在辽阔的大海中像一片孤叶漂浮不定。科考队员开始出现轻重不一的晕船现象，吃不下饭、呕吐、没有力气，在床上一睡就是一天，更有甚者开始脱水输液。在这样的情况下，吃饭已经成为晕船队员的一项任务，在“雪龙”号上有一句经典的话：“吃下去吐出来不要紧，继续吃。”那是过西风带遇到大风浪时船员们保证基本体力的真实写照，而如今这句话也用来鼓励第一次出海的队员，就这样，“雪龙”号在风浪中继续前行。

到南极周围的海洋中，漂浮着数以万计的冰山，其体积之大、数量之多，远远超乎人们的想象。它们漂浮在海上，瑰丽多姿，和企鹅成为南极海域的象征。提到南极，人们会想到“雪龙”号——中国最大的极地考察船，当年它穿越西风带抵达南极，援救俄罗斯游船后被困，回程又受命搜寻失联马航。

李德林与企鹅

中山站，昨夜一场大雪，外面白茫茫一片。穿好厚厚的企鹅服，戴上皮帽、墨镜、面罩，穿上厚的雪靴，科考队员们一起拿着长竹竿探着雪，深一脚浅一脚缓慢向山上走去。雪太厚，前进1米都是寸步难行。边走边休息，臭氧观测栋被埋了，门前暴风刮过处形成的雪坝有2米高，人只好爬行压路。到了天鹅岭已是大汗淋漓，平常七八分钟的路程竟走了四十分钟。抓紧时间干活记录参数，标定仪器，发送数据。这么厚的雪都是头一次见到，我们兴奋地把自己埋在雪里拍视频和照片，玩得不亦乐乎。

暴风雪结束后，观测队员返回站区

极光，最美的烟花。白天已经越来越短了，只有一个多小时，黑夜占据了我们生活的绝大部分，不过今夜月光明亮若银盘，星辰闪烁如萤火，天空晴朗无一丝云彩。九点多开始出现薄雾一样的极光，一道白柱越来越亮，突然倾斜而下，一会儿工夫又出现火炬状的极光，像海螺、像贝壳展延开来，三道边缘发亮略带红色的极光开始布满天空，随着强度增大如银链散射整个天空，迅速流动如漂移的云，色彩开始分明。十时三十分天空大范围涌现出的极光，如凤凰展翅，如火焰燃烧，绚丽多彩，变幻多姿。时而显现，时而消失，形似蛟龙、流水、瀑布，态若灵蛇，摆尾、斗折。云卷云舒，瞬息万变，应接不暇。流云急雾，飘飘洒洒。缤纷得让人震撼，真是今生最美烟花！

这次亲身经历，使我更加深切地理解和领会了“爱国、求实、创新、拼搏”的南极精神的真谛，深切感受到了考察队员们舍小家为国家，面对困难、风险、挑战，勇往直前的大无畏精神品质。能有这样一次不凡的经历，令我受益匪浅，倍感珍惜。在这漫长而艰辛的464天里，我时刻记录着点点滴滴，如今白驹过隙，我早已回到家乡又成为一名责任重大、使命光荣的驻村工作队员啦！希望闲暇时的你随着我这烦冗的话语和不成熟的文笔了解一些极地气象人的工作、生活和情感，也许为你成长中的烦恼或生活中的不快带来一阵暖风和清凉。

作者：李德林（中国大气本底基准观象台）

这是李德林开展观测的臭氧观测仪，他称之为“伙伴”

附录 1

中国大气本底基准观象台发展历程

一、建设背景

1988 年，根据中国 - 美国 - 世界气象组织（WMO）在我国西部地区建立大气本底基准监测站合作计划的建议，国家气象局着手考察站址及前期技术准备工作。1989 年由中国气象科学研究院组织专家在我国西部的四川、青海、新疆等省（区）进行考察和站址选择。1990 年 6 月再次到青海省海南、海西等地对预选站址进行实地考察、比较，初步选择青海省海南藏族自治州境内的瓦里关山作为我国全球性大气本底基准站的试验论证站址。1990 年 7 月，国家气象局同意将青海省瓦里关山作为我国全球性大气本底基准站的意向性选址。1990 年 8 月，美国国家海洋和大气管理局（NOAA）气候监测与诊断实验室（CMDL）副主任 James Peterson 博士访问我国，对瓦里关作为全球大陆基准观测站站址的代表性和可行性表示满意，并建议在当地进行为期一年的站址可行性观测研究。1990 年 9 月，青海省海南藏族自治州气象局即在瓦里关站址开始了地面气象要素的连续观测。1991 年 3 月，中国气象科学研究院与青海省海南藏族自治州气象局共同承担了瓦里关大气环境质量现状（大气二氧化碳、黑碳气溶胶和大气浊度）的观测工作。1992 年初，国家气象局在完成中国大气本底基准观象台一期工程建设方案和设计图纸审定后，开始基础设施建设。

1992 年 6 月 22 日，根据国家气象局文件（国气人发〔1992〕50 号），正式成立中国大气本底基准观象台（内部简称“本底台”），列入青海省气象局直属单位序列，中国气象科学研究院负责业务指导。1992 年 6 月，世界气象组织（WMO）

正式确定中国大气本底基准观象台的英文全称：China Global Atmosphere Watch Baseline Observatory（简称 CGAWBO）。

1994 年 9 月 15 日，世界气象组织代表联合国开发计划署和中国政府同时在北京和日内瓦发布新闻，宣布世界上海拔最高的监测臭氧和温室气体的观象台将在中国开始工作。1994 年 9 月 17 日，中国大气本底基准观象台的挂牌仪式在青海瓦里关山举行。中国气象局副局长李黄代表邹竞蒙局长主持仪式，宣布中国大气本底基准观象台建成并正式开始业务运行，世界气象组织秘书长 Obashi 博士的代表、联合国开发计划署的代表，美国、加拿大、澳大利亚、德国等国的专家及代表，青海省及当地各级地方政府代表，国家科委、国家环保局、中国科学院及国内其他单位的专家和代表出席了挂牌仪式，至此，中国大气本底基准观象台正式投入运行。

中国大气本底基准观象台是全球大气监测计划中位于欧亚大陆腹地的第一个大陆型的基准观象台，也是目前欧亚大陆腹地唯一的大陆型全球基准站和世界海拔最高的大气本底观象台，其观测数据代表欧亚大陆大气化学本底值，在大气化学过程的科学研究、气候变化评估等领域有着极其重要的意义。

二、地理位置与环境

中国大气本底基准观象台瓦里关业务基地位于青海省海南藏族自治州共和县境内的瓦里关山，海拔高度 3816 米，当地政府划出近 7800 平方千米的区域作为环境保护区，保证了瓦里关全球大气本底站良好的监测环境。

瓦里关山属于青藏高原东北边缘的青海南山山系，呈西北—东南走向，是一个孤立的纺锤状山体，相对高差约为 600 米。瓦里关山下垫面为高原草甸和沙洲，是研究北半球陆地 - 大气间大气成分交换及其环境和气候效应的理想观测站。距青海省西宁市 140 千米，离海南藏族自治州共和县 30 千米。该站地处青藏高原东北部的高原温带干旱气候区，具有显著的大陆性气候特征，总的气候特点是光照充足，日照强烈，冬寒夏凉，温度日较差大，干旱少雨，降水集中，风速较大。年平均气温 –1.41 ℃，极端最低气温 –24.4 ℃，极端最高气温 24.6 ℃，年平均降水量 378 mm，年大风日数 28 天，年平均含氧量为 188.9 g/m^3，相当于海平面的 67%。瓦里关站处于远离人类活动和社会发展的大气环境高度清洁的地区，该地区以牧业为主，人口密度很低，除分散的居民点和小集镇外，没有大的人为污染源。

三、其他机构设置及业务调整

2001 年，入选为科技部第三批国家重点野外科学观测试验站。

2006 年，正式入选科技部国家级野外站序列。

2017 年，入选国防科工局高分卫星地面真实性检验观测站。

2018 年，入选中国气象局首批野外科学试验基地。

2021 年 6 月，设立中国气象局温室气体及碳中和监测评估青海基准分中心。

2022 年，“全球大气本底与青藏高原大数据应用中心科技创新平台”入选省级十大科技创新平台培育计划，开始建设。

2022 年，获批“青海省温室气体及碳中和重点实验室”。

2022 年，组建青海省气象局“温室气体及碳中和监测评估关键技术研发团队”。

2022 年 11 月，瓦里关站地面气象观测由区域站升级切换为国家基本站。

2023 年，组建青海省气象局“温室气体卫星数据融合产品关键技术研发创新团队”。

2023 年，被授予“两弹一星”精神传承基地。

2023 年，获批成立省级劳模创新工作室。

四、业务观测内容

瓦里关全球大气本底站能够对关键大气成分及其物理、化学特性及变化规律等进行长期、连续、可靠观测，是研究北半球陆地－大气间大气成分交换及其环境和气候效应的理想观测站，也是具有全球尺度代表性的国家级研究型、综合性观测台站。

自 1994 年建站以来，瓦里关站按照中国气象局业务观测规范，陆续开展了气象、酸雨、气溶胶、臭氧柱总量、反应性气体、太阳辐射和温室气体 7 大类 24 项 200 多种关键大气成分要素的观测，每天产生 20 多万条数据，大部分项目 24 小时连续观测。目前拥有国内连续时间最长的温室气体浓度数据序列。

迄今为止，瓦里关站持续向全球提供了近三十年连续、准确、第一手的具有全球代表性的 CO_2、CH_4、N_2O、SF_6、CO、稳定同位素等大气成分本底观测数据，这些观测数据是我国对全球大气科学的贡献之一。

五、建台以来重要的活动

（一）建台10周年学术研讨暨纪念活动

2005年8月18—19日，全球大气观测国际研讨会暨瓦里关本底台10周年纪念活动在青海省西宁市举行。来自WMO等国际组织和中国、美国、韩国、加拿大、澳大利亚、芬兰、瑞士等国家的近百名代表参加了这次学术活动。国家生态与环境野外科学观测研究网络专家组组长、中国科学院院士孙鸿烈和中国气象局局长秦大河为“国家生态与环境野外科学观测研究网络——瓦里关大气成分本底国家野外站”揭牌。

（二）建台25周年座谈会

2019年11月，青海省人民政府、中国气象局在青海组织召开了“瓦里关大气本底站建站二十五周年”座谈会，世界气象组织派代表出席。与会代表前来本底站参观考察，代表们对本底站地理位置、监测工作、环境、职工的敬业精神和精神面貌给予了高度评价，进一步提升了本底站的科学地位，为瓦里关本底站下一步的发展提出了更高的要求。

（三）全球大气本底与青藏高原大数据应用中心科创平台成立大会暨青藏高原碳与气候变化监测联盟发起仪式

2023年8月8日，在中国气象局和青海省政府的大力支持下，由青海省科学技术厅、青海省气象局主办的全球大气本底与青藏高原大数据应用中心科创平台成立大会暨青藏高原碳与气候变化监测联盟发起仪式在西宁举行，标志着青海省打造十大国家级科创平台之一的该平台建设取得了重大阶段性成果。此次活动邀请来自全国相关行业、科研院所、高等学校及省内部门的90余名专家学者和负责同志参加。全球大气本底与青藏高原大数据应用中心科创平台由青海省气象局牵头、青海大学等6家单位参与共建。平台依托国家级野外科学观测研究站和欧亚大陆腹地唯一的全球大气本底观象台——瓦里关本底站在温室气体监测、数值同化和再分析等方面多年数据积累和优势，聚焦青藏高原“双碳”路径、气候变化、生态保护，全面推进以瓦里关本底站为主的全省温室气体站网建设，充分发挥“瓦里关曲线”对实施国家“双碳”战略的支撑作用，开展青海省温室气体动态监测、碳中和分析评估等技术研发与应用，持续推动生态气象数据产品跨行业跨领域融合应用，为青藏高原碳评估、生态保护与气候变化适应技术开发提供科学数据及技术支撑。

六、科研地位及成就

（一）瓦里关本底台温室气体本底观测资料是我国对全球的贡献

瓦里关站对大气成分及其特性进行长期、准确、系统的观测，其观测数据对于研究因大气成分浓度变化增加导致的气候变化和全球变化等科学问题，以及相关对策的制定等有着重要意义。瓦里关站温室气体观测数据与国际一流台站美国夏威夷冒纳罗亚站的比对分析表明，观测数据具有良好的一致性，完全可以代表欧亚大陆温室气体浓度的变化趋势，即二氧化碳变化的典型曲线“瓦里关曲线”，成为支撑联合国政府间气候变化专门委员会（IPCC）报告的权威数据。

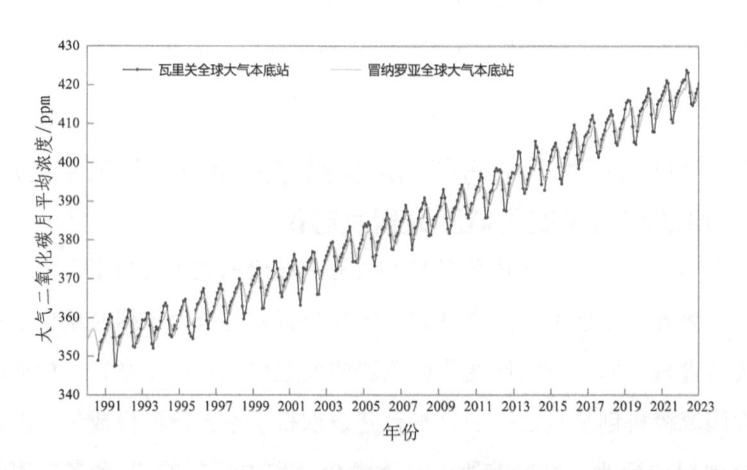

瓦里关曲线

长期以来，瓦里关站监测的温室气体、气溶胶、反应性气体、臭氧总量、酸雨等数据为 IPCC 发布的历次气候变化评估报告、WMO 发布的《温室气体公报》，以及《中国温室气体公报》《酸雨观测年报》《中国气候变化蓝皮书》《中国气候变化监测公报》《大气环境气象公报》等具有政策导向意义评价报告提供基础数据，是国家政策制定、环境外交等诸多方面的重要参考依据。温室气体及臭氧总量的观测数据成为模式计算、卫星遥测（如我国的风云三号气象卫星、碳卫星）等产品的地基检验数据。

（二）瓦里关本底台是我国开展国际合作的范例和与国际接轨的重要桥梁

瓦里关本底台的选址及建设是国际合作的范例，得到了世界气象组织（WMO）等国际组织和相关国家的帮助。在多年的运行中，得到了中国气象局稳定的业务经费投入，并与国内外科研、高校开展了多项科技合作。

自瓦里关本底台建站以来，即与加拿大、美国、澳大利亚、瑞士、芬兰、德国、日本、韩国等多个国家建立了长期、稳定的双边合作关系，还与国内外许多科研机构和院校开展了多项合作。来自不同国际组织和不同国家的上百名科学家及官员到瓦里关进行现场考察、设备安装调试、人员培训、国际比对、访问交流等活动，先后开展了中美、中加、中芬等科技合作项目；台站许多人员也先后赴国外相应机构合作、访问或接受培训。

（三）瓦里关本底台是国家大气成分本底观测网的核心和示范台站

瓦里关本底台除了承担长期观测业务、科研工作和向全球共享观测数据等义务外，还将为我国大气成分本底观测网共享体系建设和网络化观测指标体系的建立，为我国大气成分本底网络化观测的标校、比对和标准传递、观测规范化等提供示范和参照。其较为成熟的大气成分本底观测技术，准确可靠的标校、比对体系，多年来业务建设和运行及管理经验等，为我国区域大气本底站的建设和运行提供了经验和示范。

自 2005 年开始每年发布一次瓦里关大气本底监测评价公报。2008 年起每年发布一次青海省酸雨监测公报。

（四）瓦里关本底台是人才培养和野外实验基地

瓦里关本底台的建设、业务运行、国际 / 国内标校和比对以及培训与合作等，不仅培养了一批认真负责、业务熟练并能长期值守野外台站的观测和技术人员队伍，还造就了一大批专业结构合理、团结协作、具有较高科技创新能力的研究、业务和管理人员队伍，已成为我国大气成分本底观测领域科技人才的培养和教育基地之一。

据不完全统计，到2021年为止，利用台站相关数据已在SCI、SCIE、EI收录期刊和其他的国内核心期刊及一般期刊上发表学术论文100多篇；获厅局级奖励26项。本底台承担的国家、部门和地方的研究任务主要包括：国家自然科学基金项目，国家重点攻关项目，科技部项目，国家人事部项目，归国博士后项目，中日、中芬、中加等合作项目，青海省自然科学基金项目，中国气象局项目，中国气象科学研究院项目，青海省气象局项目。

（五）瓦里关本底台是“两弹一星”精神的传承基地

建站以来，本底台党支部发挥党支部战斗堡垒和党员先锋模范作用，不忘初心、牢记使命，带领全体干部职工克服各种困难，耐得住艰辛和孤寂，一丝不苟，精益求精，用青春和奋斗诠释着“准确、及时、创新、奉献”的气象人精神；在海拔3816米的高山站上践行着“登高望远、自信开放、团结奉献、不懈奋斗”的新青海精神，持续推进党建与业务深度融合，打造爱国奉献精神高地，赓续红色血脉，2023年本底台被授予“两弹一星”精神传承基地称号。

七、本底台国际地位和社会影响力

鉴于瓦里关站是欧亚内陆地区唯一的全球大气本底观测站，其观测数据的重要性不言而喻，台站严格按照世界气象组织（WMO）确定的基准观测站站址条件和观测内容开展各项业务。对大气成分及其特性进行长期、准确、系统的观测，提供了不同时空尺度背景参照值。通过本底台三十年的坚守，得到温室气体、反应性气体、臭氧总量等多种大气成分原始数据，经过初级质量控制和专家级质量控制得到完整的长时间数据序列，并将所有经过质量控制的观测数据共享给全世界，对国内外专家在研究大气成分对全球及区域气候、环境、生态等的长期影响，以及同水圈、岩石圈、生物圈之间的相互作用，并对大气本底状况、变化机制、变化趋势及其影响进行科学评估等方面具有重要的科学价值，此项工作是瓦里关站对全球大气科学研究工作的一大贡献。

由于瓦里关本底台在全球大气本底监测中做出了卓越的贡献，受到世界气象组织和国内外科学家的高度好评，中国气象局领导多次称赞瓦里关本底台为我国环境外交做出了重要贡献，本底台观测数据作为我国宝贵的温室气体观测资料参与了多次全球气候变化大会，为维护我国及发展中国家利益的谈判增加了筹码，G20 峰会和国际外交中多次引用该台监测数据。观测资料已进入温室气体世界数据中心和全球数据库，用于全球温室气体公报，并用于 WMO、联合国环境规划署（UNEP）、政府间气候变化专门委员会（IPCC）等的多项科学评估，并为青海省温室气体公报的发布和污染源清单的调查与统计提供参考数据。

需要指出的是，本底台所观测的温室气体资料，是《联合国气候变化框架公约》的支撑数据，其结论具有非常重要的政策指示作用。一些数据成为我国在国际舞台上谈判的第一手资料。本底台所做的工作为国际社会在气候变化问题上达成共识和我国在世界气候变化谈判中拥有话语权做出了贡献。本底台长期观测所建立的“瓦里关曲线”（二氧化碳变化曲线）非常重要而且十分有价值，我国政府在印尼巴厘岛、丹麦哥本哈根世界气候大会以及其他国际性气候变化谈判会上，理直气壮地支持气候变化观点，其中一条重要原因在于我国拥有这一曲线图以及相关的观测数据。

八、其他

（一）领导关怀

本底台在近三十年的发展中，受到世界气象组织，中国政府（发改委、财政部、科技部、人事部）以及地方政府的高度重视和关心，先后有中国气象局局长，青海省委书记、省长、政协主席，中国科学院院士，世界气象组织主席、秘书长，加拿大环境部部长，芬兰国家气象局局长，美国海洋国际环境与科技事务助理国务卿，美国驻华大使馆科技官员以及美国、德国、加拿大、法国、瑞士、澳大利亚、芬兰、韩国、日本等国政要和科学家来到瓦里关本底台视察和指导工作。

（二）对外学习与科研交流

自中国大气本底基准观象台建站以来，即与加拿大、美国、澳大利亚、瑞士、芬兰、德国、日本、韩国等多个国家建立了长期、稳定的双边合作关系，还与国内外许多科研机构和院校开展了多项合作。近三十年来，本底台接待了近三十个国家的近百名专家学者，完成了二十多个科研和实验合作项目。先后派 6 人次到加拿大、美国、澳大利亚、德国等国学习深造，有 7 人次经选拔参加南极科学考察的气象观测工作，并逐渐发展为我国南极科考的气象后备人才培养基地。

（三）获得集体荣誉

2009 年，本底台被科技部授予“在野外科技工作中突出成绩”奖。

2015 年，本底台温室气体监测团队被中国科协、周光召基金会授予“气象科学奖（集体）”。

2019 年，在科技部的国家野外科学观测研究站优化调整考核中，本底台被评为优秀。

2020 年，被共青团青海省委、青海青联授予青海五四青年奖章（集体）。

2023 年，被授予“两弹一星”精神传承基地。

2023 年，获得中国气象局野外试验基地考核优秀。

2023 年，获得青海省（劳模）创新工作室。

2023 年，入选“中国力量”十大年度人物（团队）。

2024 年，获得全国“工人先锋号”荣誉。

附录 2

中国大气本底基准观象台大事记

1990 年

9 月 1 日　在瓦里关山开始常规气象观测。

1991 年

5 月　由中国气象科学研究院负责，在青海省气象局的大力配合和支持下，开始站址代表性的实验研究。进行二氧化碳、黑碳气溶胶、大气混浊度的实验观测，并根据中美双边合作计划开始进行二氧化碳、甲烷、一氧化碳的气瓶采样。

1992 年

3 月 24 日　国家气象局发文（国气计发〔1992〕33 号），批复瓦里关山基准站可行性研究报告第一期工程。

4 月 13 日　青海省气象局发文（青气科发〔1992〕4 号），决定成立中国大气本底基准观象台筹建处。

6 月　国家气象局发文，为中国大气本底基准观象台正式命名，英文名称为 China Global Atmosphere Watch Baseline Observatory。

6 月 22 日　国家气象局发文《关于建立中国大气本底基准观象台的通知》（国气人发〔1992〕50 号），决定观象台为正处级事业单位，编制为 15 人。

9 月 24 日　中国气象科学研究院成立“中国大气本底基准观象台筹建领导小

组”，周秀骥任组长。

1993年

8月　世界气象组织环境处长John Miller博士及Bernard Mendonca先生赴瓦里关实地考察，对中方的工程建设进展给予了很高评价；同月，站址代表性实验研究的观测设备，如臭氧仪、二氧化碳、黑碳气溶胶、甲烷、一氧化碳的气瓶采样设备，移入瓦里关山主体建筑的实验室。

9月　中国气象局、国家科学技术委员会和青海省人民政府在西宁共同召开了中国大气本底基准观象台建设方案论证会，邀请中国科学院及其他有关单位的专家和代表，对瓦里关山站址代表性观测研究的结论和有关建设方案进行论证。会议同意瓦里关山基准站站址代表性观测研究报告的结论，认为“建在青藏高原的这一基准站是世界气象组织全球大气观测系统（GAW）的第一个大陆型大气本底基准观象台，具有重要的国际地位，是中国对全球环境保护事业的重大贡献。青海瓦里关山作为未来的中国全球大陆型基准站站址，具有较理想的地理环境，符合世界气象组织全球大气观测系统关于大陆型基准站站址的基本要求”。会议论证通过了中国大气本底基准观象台建设总体方案和组织管理、工程建设、人员选拔和培训、中心实验室、技术和科研等子方案。

10月　加拿大大气环境局专家Neil B. A. Trivett博士和Wes Kobelka先生赴瓦里关山，同中方技术人员共同安装实验室进气系统并进行实验室安装仪器设备的其他准备工作。

12月　地面臭氧的试验观测开始。

12月至1994年4月　中国气象科学研究院王木林和瓦里关本底台业务人员张晓春访问加拿大大气环境局的ARQM本底站项目实验室，组装调试甲烷、二氧化碳和一氧化碳气相色谱观测系统。

1994年

6月　青海省气象局按期完成了瓦里关山第一、二、三期的基建工程项目。

6—7月　Wes Kobelka、Michele Ernst、Erika Wallgren、Jim Salmon、Doug Worthy、Paul Stolcker博士等加拿大大气环境局专家分三批到瓦里关山，和中方

技术人员及专家共同安装了甲烷、二氧化碳气象色谱、地面臭氧、降水化学、黑碳气溶胶、边界层气象及常规气象观测仪器，敷设了观测场到实验室的数据传输通信网络，初步建立数据采集系统。

8月　中方专家完成了全球环境基金援助的二氧化碳、太阳辐射、大气光学厚度观测设备的现场安装。加拿大大气环境局专家 Kurt Anlauf 博士来访两周，指导现场安装地面臭氧观测系统。

9月15日　世界气象组织代表联合国开发计划署和中国政府同时在北京和日内瓦发布新闻，宣布：世界上海拔最高的监测臭氧和温室气体的观象台将在中国开始工作，瓦里关山是全球环境基金在全球援建的六个观测站中的第一个。

9月17日　中国大气本底基准观象台的挂牌仪式在青海瓦里关山举行。中国气象局副局长李黄代表邹竞蒙局长主持仪式，宣布中国大气本底基准观象台建成并正式开始业务运行，世界气象组织秘书长 Obashi 博士的代表，联合国开发计划署的代表，美国、加拿大、澳大利亚、德国等国的专家及代表，青海省及当地各级地方政府代表，国家科学技术委员会、国家环保局、中国科学院及国内其他单位的专家和代表出席了挂牌仪式。

1995 年

7月　法国科学研究中心大气系统实验室主任 Pascal Perros 和 Gilles Poulet 博士、Julien Salles 博士访问瓦里关本底台。

10月3—4日　德国马克斯 - 普朗克化学研究所 Carl Brenninkmeyer 博士作为联合国开发计划署的特邀项目评估员赴瓦里关山现场进行考察，美国乔治亚理工学院 Jingzi Zhao 博士一同前往。在世界气象组织全球大气化学计划大气成分监测及评估科学会议之后，共 28 位国外专家访问瓦里关本底台。

1996 年

1月1日　中国气象科学研究院大气化学研究室温玉璞前往瓦里关山，现场指导二氧化碳标准气的国际对比工作。

1月30日　中国气象科学研究院大气化学研究室汤洁到瓦里关山检查观测仪器。中国气象科学研究院大气化学研究室齐艳军到瓦里关山学习和熟悉各观测项目。

2月2日　余宁青被任命为本底台副台长。

2月5日　赵玉成被任命为监测科科长，张晓春为副科长，符春阁为办公室主任。

3月　美国驻华大使馆科技参赞来本底台访问。

5—8月　中国气象科学研究院薛虎圣赴加拿大大气环境局学习气溶胶化学及反应性气体的大流量采样膜的分析处理等。本底台赵玉成赴加拿大学习该项目的现场采样技术。

6月26日　中国气象科学研究院大气化学研究室丁国安、郭松、郑向东到瓦里关山业务基地对太阳辐射表进行标定和现场培训，并对Brewer进行外部校准灯标定。

8月1日　中国气象科学研究院大气化学研究室汤洁、温玉璞前往瓦里关山业务基地检查工作。

8月28日　根据青海省气象局青气人发〔1996〕33号文的要求，拟定上报，审核批准《中国大气本底基准观象台机构编制实施方案》和《中国大气本底基准观象台岗位职责规定》，并组织实施。

8月26日—9月1日　加拿大大气环境专家Doug Worthy与中国气象科学研究院大气化学研究室周凌晞到瓦里关山，检查、标定和改进甲烷、二氧化碳的气相色谱监测系统。

9月　东京大学教授等3位日本专家来瓦里关本底台参观访问。加拿大大气环境局专家来安装和调试仪器。

10月16日　中国气象科学研究院、青海省气象局关于联合表彰本底台建设有功人员的决定，其中受到中国气象局表彰的有10人。受到中国气象科学研究院、青海省气象局联合表彰的有56人。

10—12月　乜虹赴澳大利亚气象局访问和学习。

10月31日　在西宁小岛培训基地举办了第一届国际臭氧培训班，加拿大专家Lamb，中国气象科学研究院大气化学研究室郑向东、郭松对Brewer仪器进行了检修标定，瓦里关、临安和龙凤山本底台（站）的工作人员参加了培训。

11月　加拿大Brewer臭氧公司专家来台检修标定仪器。日本千野大学教授来本底台参观访问。

12月2—3日　本底台第一次工作会议在北京召开。

12 月 18 日　张晓春被任命为监测科科长，符春阁为办公室主任。任期 3 年。

1997 年

1 月 17—26 日　中国科学院生态环境研究中心张晓山在瓦里关山进行过氧化氮的观测。

1 月 27 日　张晓春获“优秀中青年专业技术人才”称号。

4 月 16 日　祁栋林任业务监测科副科长职务。

4 月 20 日　通过《业务观测项目技术负责人制度》和《业务观测项目仪器管理制度》并下达执行。

4 月 27 日　张朝兴被任命为本底台台长，张晓春为本底台副台长。

5 月 5 日　张天津调青海省气象培训中心工作。

6 月 26 日　青海省气象局副局长阳燮陪同中国气象局业务发展与天气司人员上山视察工作。

7 月 13 日—8 月 1 日　中国气象科学研究院周凌晞、汤洁在瓦里关山业务基地安装调试一氧化碳气相色谱系统，并培训本底台业务人员。

7 月 21—23 日　中国气象科学研究院郭松在瓦里关山业务基地向齐艳军移交 UV-B 观测项目的有关事项；齐艳军在青海安装 Windows NT 系统并初步联网。

8 月 7 日　张晓春被授予“全国环境监测网络先进个人”荣誉称号（国家环境保护总局，环发〔1997〕501 号）。

8 月 27 日　加拿大大气环境局加籍华人李少萌博士在中国气象科学研究院大气化学所薛虎圣的陪同下，对本底台进行工作访问。

9 月 15 日　中国气象科学研究院大气化学所汤洁陪同中国气象科学研究院马建中博士后到瓦里关山实验基地进行访问。

10 月 16 日　中国气象科学研究院薛虎圣到瓦里关山实验基地安装 OMS 等观测仪器。

11 月 10 日　郑明作为中国南极考察队的成员前往上海，11 月 15 日乘“雪龙”号科学考察船赴南极进行科学考察。

11 月 14 日　共和县土地管理局正式办理本底台瓦里关山业务基地土地证。

11 月 20 日　中国气象科学研究院郑向东到瓦里关山实验基地修理 Brewer 仪器。

12 月 22 日　中国气象科学研究院温玉璞到瓦里关山实验基地修理 LI-COR 二氧化碳红外监测系统。

12 月 30 日　中国气象科学研究院薛虎圣到瓦里关山实验基地进行撞击式采样器采样。

1998 年

1 月 4 日　赵玉成、乜虹、王青川获 1997 年度本底台先进工作者。

2 月 18—21 日　张晓春赴日本参加由世界气象组织和日本运输省共同召集的亚太地区温室气体监测站网国际研讨会。

2 月 24—25 日　青海省气象局副局长阳燮，本底台张朝兴、张晓春在北京参加由中国气象科学研究院组织的本底台 1997 年度工作会议。

3 月 6 日　业务科拟定了《样品出门检查办法》并执行。

3 月 17 日　瓦里关山大雪封山，换班车及人员无法上山，全台人员上山挖雪开道，背办公用品及生活用品上山，保障了山上业务正常运行。

4 月 13 日　印发执行《观测质量检查和错情统计办法（试行）》和《业务工作人员奖惩办法》。

4 月 18 日　北京大学毛节泰教授、王美华老师在副台长汤洁等陪同下，参观瓦里关山实验基地，对 BB 型多波短太阳光度计进行了标定。

5 月 8 日　玉树藏族自治州气象局乔晓春调本底台工作。

5 月 8 日　发现本底台业务基地楼二楼大梁裂缝，向青海省气象局和中国气象科学研究院汇报，青海省气象局召开紧急会议研究，从人员、仪器设备等安全考虑，决定停止工作，业务值班人员及设备、资料等物资撤除，转移安全地方。台组织人员车辆上山进行搬移，并通知中国气象科学研究院大气化学所来人拆卸安装仪器。

5 月 15 日　通过《本底台目标管理办法》《本底台精神文明考核规定》《本底台公文处理细则》。

5 月 18 日　张晓春评选为青海省气象学会大气探测、大气化学物理委员会副主任委员，赵玉成为委员。

5—10 月　张晓春、赵玉成、王治邦与中国气象科学研究院、中国科学院、香港理工大学、日本名古屋大学的学者、教授等赴西藏拉萨，参加国家自然科学基金委员会“青藏高原大气臭氧和气溶胶的观测研究”课题的部分外场实验观测工作。

7 月 6 日　南京气象学院（现南京信息工程大学）本科毕业生李富刚分配来台工作。

11 月 19 日　中国气象科学研究院大气化学所郑向东指导恢复 Brewer 仪器、地面臭氧观测仪。

12 月 8—10 日　中国气象科学研究院大气化学所温玉璞研究员指导恢复二氧化碳红外观测系统。

1999 年

2 月 3 日　赵玉成、王治邦、阳新晴获 1998 年度青海省气象局先进个人。

2 月 24 日　张晓春获“优秀中青年专业技术人才”称号。

3 月 29—30 日　本底台 1998 年度工作会议在北京召开。中国气象局监测网络司、中国气象科学研究院，青海省气象局业务处有关同志及本底台张朝兴、张晓春参加。会议就本底台 1998 年度业务运行情况做出评估。对如何加强业务各环节的质量控制，国内外资料报送、管理提出了建议意见。

4 月 17—23 日　张晓春、祁栋林在黑龙江省五常市龙凤山大气本底监测站，参加由中国气象科学研究院组织的臭氧分光光谱仪检修、维护、对比和标定。

5 月 21—24 日　中国气象局监测网络司地面监测处陈绍友到瓦里关山业务基地查看房屋，共同协商修缮事宜。

6 月 1 日　郑明圆满完成南极考察任务。

6—10 月　瓦里关山道路的改造维修工程全面展开。公路的勘察、设计由青海省公路设计院承担，维修工程由青海省路桥公司中标承接。10 月 13 日竣工，经验收工程达到优良。

6 月 29 日　湟源气象站张占峰调本底台工作。

7 月 14 日　中国气象科学研究院太阳辐射专家王炳忠教授来台对太阳直接辐射自动跟踪仪，总辐射、红外辐射、散射辐射设备进行了全面检查和标定。

7—8 月　中国气象科学研究院地球环境研究中心周凌晞和本底台张晓春赴

美国国家海洋和大气管理局气候监测与诊断实验室，参加二氧化碳监测系统操作、维护、标定的培训。其培训内容包括：观测质量控制和保证数据处理分析等级以及建立相互间的数据交换渠道（包括气瓶采样项目）等。

9月21日　中国气象局监测网络司地面监测处副处长王晓辉来台，与台领导就业务运行中资料的采集，质量的反馈，仪器配件的备份、维修与保养，人员的培训，后勤保障，经费等方面的有关情况进行了商议。

11月4—9日　日本气象厅环境监测科和世界气象组织（WMO）全球温室气体质量评估和质量控制专家须田一人，代表世界气象组织来本底台瓦里关山业务基地检查温室气体和其他监测项目的质量控制和数据处理等业务工作。

11月6—10日　瓦里关山业务基地二楼实验室室内改造工程完工，中国气象科学研究院地球环境研究中心温玉璞、周凌晞、王炳忠专家现场指导恢复二氧化碳监测，一氧化碳、甲烷气相色谱监测，太阳辐射观测等项目。

11月16—19日　法国巴黎大学地球化学及大气气溶胶方面的专家 Lauyent Gomest 赴瓦里关山业务基地进行参观访问。

2000年

3月6—10日　中国气象科学研究院地球环境研究中心王炳忠来本底台瓦里关山业务基地做太阳辐射标定（因无配件原因，未完成，后由乜虹完成）。

3月13日　黄建青、蔡永祥、何发祥获1999年度先进个人。

3月27日　赵玉成获“优秀中青年专业技术人才”称号。

3月28日　张朝兴任青海省气象局业务发展处调研员。

6月2日　中国气象局监测网络司高空探测处副处长姚萍一行来本底台查看瓦里关山业务基地房屋、公路修复事宜。

6月12日　杨昭明被任命为本底台台长，免去张朝兴本底台台长职务。

7月4日　杨昭明、张晓春赴北京参加特种观测业务研讨会。会议总结各本底站业务运行情况，交流业务管理、队伍建设及业务规范、管理制度的建设和执行情况，研究大气监测自动化系统工程相关项目建设实施等工作。

9月6日　中国气象局监测网络司高空探测处副处长（主持工作）樊振德来瓦里关山业务基地视察工作，期间与本底台的工作人员就业务、后勤保障等有关事项进行了交谈。

9月9日　中国气象局副局长李黄一行在青海省气象局局长王江山陪同下前往瓦里关山业务基地视察。视察中李黄副局长题词："为全球生态环境气候变化监测创立的瓦里关山中国大气本底基准观象台的同志们，要发扬青海气象人艰苦奋斗、勇于奉献、科学严谨、不断攀登的精神，发扬成绩，总结经验，在新的千年真正把本底台建设成全国先进、全球一流的观测台站，为中华民族争光，为全球人类贡献。"

9月16日　瑞士仪器标定中心专家 Christoph Zellweger 和 Peter Hofer 赴瓦里关山业务基地，执行地面臭氧和一氧化碳观测仪器标定及观测质量督察活动，中国气象科学研究院地球环境研究中心周凌晞陪同。

10月19日　芬兰国家气象局局长等一行由中国气象局外事司司长王才芳，青海省气象局副局长王莘陪同参观本底台瓦里关山业务基地。

11月14—16日　韩国专家 Sung-Rae Chung 来本底台进行访问，期间与业务人员就业务技术进行交流。

2001年

1月20日　祁栋林参加中国第17次南极考察队。经北京途经澳大利亚转中山站，开始为期一年的南极科学考察工作。这是本底台第三次派员参加南极科学考察工作。

1月31日　符春阁、祁栋林、乜虹获2000年度先进个人。

3月7日　刘鹏聘用到本底台工作。

3月15日　张晓春参加中国气象局总体规划研究室组织的中国大气监测自动化初步设计，主要承担特种观测分册中全球基准本底站、大气臭氧站的设计工作。

6月18日　中国气象局副局长郑国光等及相关专家一行前往瓦里关山业务基地视察工作。郑国光副局长对几年来的业务运行及基础设施改造工程等工作给予充分的肯定，同时提出要求。

6月19—21日　全国特种观测业务管理研讨会在西宁召开。会议由中国气象局监测网络司主持，青海省气象局业务处、本底台协办。瓦里关本底台、浙江临安本底站、黑龙江龙凤山本底站、北京上甸子本底站等省、市及中国气象科学研究院等有关部门的专家、管理人员近30人参加了会议。中国气象局副局长郑国光，青海省气象局局长王江山、副局长王莘等领导参加了会议开幕式并作指示。

8月8—10日　国际大气化学研究计划-亚太地区实验IGAC-APARE第十次会暨学术研讨会在西宁召开。来自美国、日本、韩国、中国从事大气化学和大气环境研究的学者前往瓦里关山业务基地进行参观和访问。

8月16日　中国气象局监测网络司副司长喻纪新等一行前往瓦里关山业务基地进行视察。

8月22—26日　中国气象科学研究院王炳忠教授前往瓦里关山基地架设、安装、实验自行研制和开发的太阳辐射跟踪系统。

8月26—31日　世界气象组织环境处高级官员Michael H Proffit博士对本底台进行参观访问，对本底台业务工作给予高度评价。

9月4—8日　中国气象科学研究院地球环境研究中心周凌晞博士来台对大气甲烷气象色谱工作站系统进行安装、调试、升级等工作。

9月18日　朱庆斌退休，办理退休手续。

11月30日　德力格尔被任命为本底台台长，免去杨昭明本底台台长职务。

12月25日　中国气象局局长秦大河及中国气象科学研究院院长张人禾等一行前往瓦里关山业务基地进行视察。

12月26日　乔晓春聘调西宁市气象局工作。

2002年

3月8日　张晓春聘任为青海省气象局第八届科学委员会委员，聘期两年。

4月5日　祁栋林结束中国南极第十七次科学考察工作。

4月10—17日　由加拿大专家Ken Lamb、中国气象科学研究院和黑龙江龙凤山本底站、浙江临安本底站和青海瓦里关本底站共同进行的第四次Brewer臭氧光谱仪标定工作在北京卫星地面站完成。

5月8—14日　美国能源部高级科学家HiS-Na（sam）Lee、技术服务主任CoIin G. Sanderson及电气工程师Norman Chiu在中国气象科学研究院郑向东博士的陪同下，访问本底台并完成铍（Be-7）和铅（Pb-210）采样及分析系统的安装测试。

6月17—28日　张晓春赴德国参加世界气象组织（WMO）开设发挥性有机物（VOC）采样及分析技术培训。

7月19日　美国负责海洋国际环境与科技事务的助理国务卿约翰（John Turner）夫妇，美国驻华大使馆科技官员黄京伟（Jock Whitlesey）等一行对青海省访问考察期间，前往瓦里关山业务基地进行实地考察。这是来本底台访问的第一位美国政府高级官员。

8月26—27日　由中国气象科学研究院承担，本底台及北京上甸子、浙江临安、黑龙江龙凤山本底站参加的国家基础性项目“中国大气本底基准研究”（G99-A-07）在西宁通过了科技部的验收。出席会议的有科技部基础研究司、中国科学院、北京大学、中国气象局科技教育司、中国气象科学研究院及青海省气象局的领导、专家和教授。

10月10日　青海省气象学会第九届理事会审定设置大气探测 - 大气化学委员会（挂靠本底台）的学科委员会。副主任：张晓春，委员：赵玉成、乜虹、祁栋林、符春阁、何发祥，学术秘书：何发祥。

10月11—16日　根据中韩气象双边合作协议，由韩国气象厅气候策略主任 Choi Kyung-Cheoi、韩国气象厅气象局气候策略研究人员 Kim Sik、韩国气象厅 GAW 观测室研究人员 Cho Kyung-Snk 一行 3 人来华进行交流访问期间，前往瓦里关山业务基地进行 GAW（全球大气观测网）考察工作。

11月26日　张晓春参加由中国气象局监测网络司在北京召开的国家标准《酸雨观测规范》审定会。

12月12—15日　德力格尔参加由中国气象局监测网络司在湖南长沙召开的中国气象局气象行业标准联络员会议。

2003年

1月4—10日　中国气象科学研究院郑向东博士来瓦里关山业务基地进行 Brewer 臭氧光谱仪的恢复运行工作。

4月7—16日　刘鹏携带 Brewer 臭氧总量分光光谱系统赴北京参加由中国气象科学研究院组织的 Brewer 臭氧国内比对工作。

4—5月　在中国气象科学研究院承担的科技部公益性项目“大陆大气本底基准研究”的支持下，香港理工大学潘振南、黄学礼来本底台安装一氧化碳、氮氧化物等测量仪器，并就仪器的观测方法等对业务人员进行现场讲解和培训。

7 月 15—18 日　香港理工大学王韬博士、潘振南以及中国气象科学研究院汤洁博士来台对部分监测仪器设备检修标定，就本底台今后的发展、开展协作等探讨交流。

8 月 8 日　成都信息工程学院毕业生王剑琼来台报到。

8 月 19 日　通过现场和远程控制测试，由海南藏族自治州电信部门承接的瓦里关山业务基地的宽带接入 Internet 网，开通瓦里关至西宁、北京等地数据传输以及业务远程监控系统。

10 月 23 日　以加拿大环境部部长助理、气象局局长马克・丹尼斯・艾维瑞尔博士为团长的加拿大气象代表团在中国气象局外事司副司长郑云杰的陪同下专程到瓦里关山业务基地参观考察。考察团听取大气本底监测工作情况汇报，详细查看监测仪器的工作状况和监测数据，对本底台与加拿大在大气本底监测、科学实验等方面的合作很满意，对本底台工作人员在艰苦环境下的工作态度给予高度评价。

11 月 29 日—12 月 1 日　世界气象组织气溶胶观测专家李少萌博士受世界气象组织的委派，在中国气象科学研究院气候资料与全球变化研究所汤洁博士的陪同下前往瓦里关山业务基地，对各监测项目工作进行了解和咨询，就气溶胶监测项目的拓展进行交流。

12 月 1—4 日　本底台举办首届“学术讲座、技术交流、业务培训”三项学术会。学术会期间，邀请世界气象组织气溶胶观测专家李少萌博士、中国气象科学研究院气候资料与全球变化研究所汤洁博士到会，就国内外大气化学研究进展及全球气溶胶研究发展趋势作了专题讲座。业务人员就本底监测、质量控制、气象与本底资料分析等领域交流技术论文 8 篇，开展本底监测业务培训。

12 月 22 日　正式印发《中国大气本底基准观象台（第一期）工作简报》。

12 月 22—26 日　中国气象科学研究院研究员徐晓斌博士、气候资料与全球变化研究所副所长郑向东博士前往瓦里关山业务基地检查气象色谱系统。

2004 年

2 月 12—13 日　张晓春、乜虹在北京参加由中国气象局监测网络司组织召开的大气本底站建设会议。

2 月 17—24 日　中国气象科学研究院气候资料与全球变化研究所汤洁博士、张东启等一行前往瓦里关山业务基地安装调试业务监测仪器，对气溶胶监测项目的拓展进行交流。

2月18日　刘鹏获“2003年度大气探测先进个人”称号。

2—3月　刘鹏、黄建青携带Brewer臭氧总量分光光谱系统赴北京参加由中国气象科学研究院组织的Brewer臭氧国内比对工作，该仪器于3月17日恢复运行。

3月16日　乜虹获“优秀中青年人才”称号。

4月14—16日　德力格尔在北京参加由中国气象局监测网络司召开的“大气监测自动化工程系统”会议。

4月22—29日　中国气象科学研究院气候资料与全球变化研究所张东启博士前往瓦里关山对一氧化碳监测系统进行检查并更换配件。

5月27日　因工作调动，免去张晓春本底台副台长职务。

7月30日　全国政协人口资源环境委员会和中国气象局联合组成的“三江源”专项调研组（组长为全国政协人口资源环境委员会副主任、中国气象局原局长温克刚，副组长为中国气象局副局长郑国光）前往瓦里关山业务基地视察。

7—8月　中国气象科学研究院气候资料与全球变化研究所张东启博士前往瓦里关进行全球标准气巡回标定。

8月16—19日　中国气象科学研究院气候资料与全球变化研究所汤洁博士前往瓦里关检查地面臭氧、气溶胶化学采样系统等。

8月17—22日　刘鹏前往新疆协助新建阿克达拉本底站开展前期科学实验工作，完成Brewer大气臭氧总量监测培训。

8月22—23日　应中国气象科学研究院的邀请，日本环境研究所井上元夫妇访问中国期间，在中国气象科学研究院研究员周凌晞的陪同下前往本底台瓦里关山业务基地进行工作访问。

8月26—28日　应中国气象科学研究院的邀请，加拿大环境部Li Shaomeng博士和美国NOAA气候监测及诊断实验室John A. Ogren教授访问中国期间，在中国气象科学研究院孙俊英博士的陪同下，前往本底台瓦里关山业务基地进行该站仪器更新前期准备和考察工作。

9月17日　青海省气象局纪检组长郑建国一行前往瓦里关山业务基地视察工作。

10月9—15日　瑞士专家Christoph ZellWeger博士和Joerg Kiausen博士在中国气象科学研究院大气化学试验室主任徐晓斌、张东启博士的陪同下，前往瓦里关山业务基地标定地面臭氧、一氧化碳和甲烷系统。

10月16—18日 中国气象科学研究院气候资料与全球变化研究所郑向东博士前往瓦里关山业务基地修复Brewer仪器运行。

11月24—30日 本底台在西宁举办大气化学培训班，邀请北京大学、中国气象科学研究院气候资料与全球变化研究所等单位的教授、博士到会讲课。

12月13—17日 祁栋林在北京大学参加由世界气象组织气溶胶物理参数标定中心、德国对流层研究协会、北京大学、芬兰赫尔辛基大学、北京市环保局及中国气象科学研究院主办的“大气气溶胶的测量、气溶胶物理特性、采样以及测量技术”培训班。

2005年

1月20日 王剑琼前往北京参加由中国气象局培训中心举办的“大气化学理论与方法讲习”学习班。

1月27日 赵玉成荣获“大气探测先进个人”称号。

2月1日 中国气象局副局长许小峰一行在青海省气象局领导的陪同下，前往瓦里关山业务基地慰问业务值班人员。

3月15—19日 中国气象科学研究院气候与全球变化研究所张东启博士在瓦里关山业务基地调试氧化亚氮色谱仪。

3月28日 青海省气象局下达2005年度本底台科研项目10项。这是本底台成立10周年以来，争取申报并得以批准的有关大气本底研究领域方面的多项科研项目。

4月19日 青海省气象局以《关于青海省气象局科学技术委员会的换届的通知》（青气发〔2005〕25号），赵玉成为第九届委员会委员之一。

5月26日 乜虹被任命为本底台台长助理（正科级）。

6月7日 由本底台编辑《中国大气本底基准观象台科学论文集》正式出版。该书收集了由中国气象科学研究院专家和本底台科技人员撰写的反映瓦里关山地区大气本底各化学要素与气象要素的基本特征和表现形式及工作经验、体会、技术报告等科研论文40余篇。

6月21日—7月4日 德力格尔、赵玉成、蔡永祥等前往中国气象局大气化学成分观测与服务中心，学习、调研有关大气成分资料的监控、传输、标准化处理及地方化应用系统等有关技术。

8 月 1 日　玉树藏族自治州清水河气象站李德林调本底台工作。

8 月 13—19 日　美国国家海洋和大气管理局气候监测与诊断实验室（NOAA/CMDL）Partrick Sheridan 博士在中国气象局大气成分观测与服务中心孙俊英博士陪同下前往瓦里关山，完成了 PM_{10}/PM_1 气溶胶采集系统的安装调试工作。

8 月 17 日　芬兰气象局 Jussi Paajero 博士在中国气象局大气成分观测与服务中心周凌晞博士陪同下，前往瓦里关本底台完成中芬合作的差分淌度粒子分析仪的安装调试工作。

8 月 13—21 日　中国气象局大气成分观测与服务中心张东启博士前往瓦里关完成甲烷及二氧化碳标准气体的国际巡回比对。

8 月 18 日　全球大气观测国际研讨会暨瓦里关本底台十周年纪念活动上，国家生态与环境野外科学观测研究网络专家组组长、中国科学院院士孙鸿烈和中国气象局局长秦大河为“国家生态与环境野外科学观测研究网络——瓦里关大气成分本底国家野外站”揭牌。

8 月 18—19 日　全球大气观测国际研讨会暨瓦里关本底台十周年纪念活动在青海省西宁市举行。来自 WMO 等国际组织和中国、美国、韩国、加拿大、澳大利亚、芬兰、瑞士等 8 个国家的近百名代表参加了这次学术活动。

8 月 31 日　赵玉成、乜虹取得气象工程高级专业技术职务任职资格。任职资格时间起自 2005 年 8 月。

9 月 12—23 日　季军参加由中国气象科学研究院举办的中国第 22 次南极考察队员气象业务培训班。经过预选、体检、冬训、技术岗位培训、技术考核、心理测试等综合考评后，确定季军为参加中国第 22 次南极考察的正式越冬队员，主要承担大气臭氧总量和气象观测等任务。

10 月 28 日—11 月 2 日　中国科学院大气物理研究所王庚辰教授来本底台讲解大气化学基础、大气化学研究进展等方面的知识。

11 月 18 日　季军赴南极中山站考察。这是本底台自 1997 年以来，第 4 次选派业务技术人员参加南极考察工作。

12 月 18—20 日　中国科学院生态环境研究中心大气室主任张晓山前往瓦里关山业务基地检查合作项目大气汞尘降的观测情况。

12 月 26 日　刘鹏取得气象工程中级专业技术职务任职资格。任职资格时间起自 2005 年 12 月。

2006 年

1 月 14—16 日　中国气象科学研究院气候与全球变化研究所张东启博士在瓦里关山业务基地调试氧化亚氮色谱仪。

1 月 15—22 日　刘鹏前往中国科学院大气物理研究所学习有关边界层资料处理分析应用等方面的知识。

1 月 19—20 日　乜虹、赵玉成和蔡永祥在广东省中山市，参加由香港理工大学和中国科学院广州地球化学研究所组织的大城市（兰州）周边大气微量气体污染及气溶胶对区域大气环境影响的学术交流会。

2 月 13 日　青海省气象局副局长许维俊一行到本底台调研工作，并对 2006 年的工作提出了要求。

2 月 24 日　蔡永祥荣获 2005 年度青海全省气象服务基本业务“大气探测先进个人”称号。

4 月 6—10 日　芬兰 Heikki Lihavainen H. 和 Antti-Pekka HyVarinen 博士在中国气象局大气成分观测与服务中心孙俊英博士陪同下前往瓦里关山，修复中芬合作项目“细颗粒气溶胶数浓度谱观测”仪器，恢复运行。

5 月 16—31 日　北京市上甸子本底站站长周怀刚前往瓦里关山业务基地学习监测业务等。

5 月 26 日　赵玉成任大气成分分析与服务科科长。乜虹为业务科科长，刘鹏为业务科副科长。

6 月 23 日　青海省气象科学研究所杨英莲调本底台工作。

6 月 25 日　赵玉成获 2005 年度优秀共产党员称号。

7 月 1—3 日　“国家特殊环境野外站现场评估会”在西宁召开，来自科技部、中国气象局、青海省气象局的有关领导出席了会议，由中国科学院大气所王长庚、中国科学院成都山地所钟祥浩、中国科学院地质所黄鼎成以及中国科学院寒旱所丁永建等 5 位研究员组成的专家评估组，对申请报告进行了评估，评估组专家和与会代表听取了本底台所做的工作进展情况汇报、质询，并赴瓦里关本底台实地考察，专家认为，本底台经过十多年的发展，各种软硬件条件较好，所获得的数据在国际上都具有不可替代的作用。

7月13日—8月18日　香港理工大学土木及结构工程学系的研究人员在瓦里关山开展 NO_2、NOY、PAN、NH_3 等业务观测项目的学术研究。

7月20日　祁栋林前往湖北省金沙区域大气本底站进行温室气体样瓶采样培训及指导工作。

7月28日　即日起本底台在《北京晚报》上发布青藏铁路沿线相对海平面的大气含氧量（%）信息。发布的站点为青藏铁路沿线的西宁、青海湖（刚察）、德令哈、格尔木、可可西里（五道梁）、沱沱河、唐古拉山口、安多、那曲、当雄、拉萨等11个站点。

8月9—14日　美国国家海洋和大气管理局地球系统研究实验室 John A. Orgen 博士在中国气象局大气成分观测与服务中心孙俊英博士陪同下前往瓦里关山对观测系统进行年度维护。

8月11日　青海省政府副秘书长兼法制办主任李宁前往本底台瓦里关山考察调研工作，为今后开展加强气象探测环境保护和气象立法奠定了基础。

8月26日—9月3日　澳大利亚原子能科学和技术组织科学家 WIOdzimierz Zahorowski 博士和 SyIwester Werczynski 博士在中国气象局大气成分观测与服务中心郑向东博士陪同下前往瓦里关山进行仪器安装和调试。

9月2—15日　王剑琼前往北京参加由中国气象局监测网络司举办，加拿大国际臭氧服务公司（IOS）专家参加的 Brewer 臭氧总量光谱仪标定工作。

9月3—8日　芬兰气象局 Heiki Lihavenien 博士在中国气象局大气成分观测与服务中心孙俊英博士陪同下前往瓦里关山对观测系统进行年度维护。

9月29日　青海省气象局纪检组组长郑建国前往瓦里关山业务基地检查业务和安全工作，并慰问了节日值班人员。

10月25日　青海省委副书记宋秀岩和副省长穆东升在省发改委、省气象局、省财政厅、省农业局等单位主要领导的陪同下，专程赴本底台调研。调研期间，详细了解该台的基本情况以及仪器运行情况，对所开展的各项业务工作给予了高度评价，并题词“为世界气象服务，为中国环境争光”。

11月15日　本底台经科技部组织的专家对生态、特殊环境和大气本底领域的试点站进行评估、认证、确定正式列入国家野外科学观测研究站。

12 月 23 日　即日起在《中国气象报》发布青藏铁路沿线相对海平面的大气含氧量（%）信息，每周发布一次。

2007 年

1 月 15—22 日　王剑琼前往中国气象科学研究院学习有关边界层资料处理分析应用等方面的知识。

1 月 21 日　季军圆满完成为期 1 年多的中国第 22 次南极科学考察队南极中山站工作回到西宁。在南极期间主要承担大气臭氧总量和气象观测等工作。

1 月 25 日　为进一步加强大气成分轨道建设，实现大气成分本底站季报产品的制作和满足大气成分本底站观测项目数据质量控制的需求，按照中国气象局要求，从即日零点开始，本底台进行太阳辐射（总、散、直、向下长波）、地面臭氧、吸收特性、气溶胶化学膜采样、10 米自动气象站、80 米气象要素梯度、CO_2/CH_4 色谱工作站等相关监测数据的实时传输试运行。

2 月 1 日　刘鹏在北京参加由中国气象科学研究院召开的 2007 年大气成分轨道业务建设项目启动会。

2 月 10 日　乜虹被中国气象局聘为首任中国气象局大气成分观测业务检查员。

3 月 6 日　青海省副省长李津成前往瓦里关山业务基地视察工作。

3 月 22 日　杨英莲参加由中国气象局组织的各省（区、市）科技人员赴荷兰国际航空航天测绘与地球科学院（ITC）为期 3 个月的地球信息系统和遥感技术应用的专项培训。

6 月 7 日　青海省副省长邓本太一行在省气象局调研期间到本底台了解情况。

6 月 12—25 日　中国科学院长春光学精密机械与物理研究所四人在瓦里关山业务基地进行“风云三号”气象卫星辐射标校实验。

6 月 14 日　宁夏回族自治区气象局局长夏普明前往瓦里关本底台访问。

6 月 20—22 日　加拿大气象局 Li 博士、Hayley 博士、Hayley 先生三名专家在中国气象科学研究院有关人员的陪同下前往瓦里关山业务基地进行现场考察。

6 月 26 日　青海省气象局机关党委发文（青气机党发〔2007〕8 号文），符春阁荣获 2006 年度优秀共产党员称号。

7 月 12—18 日　祁栋林、蔡永祥参加南京信息工程大学大气化学中的基本理论和实践讲习班。主要学习对流层臭氧观测研究、臭氧和气溶胶对全球及区域气候变化的影响等科目。

7 月 16—27 日　杨英莲在北京参加由中国气象局主办，国家自然科学基金委、国家外国专家局、全球变化分析和研究培训系统协办的第四届气候系统与气候变化国际讲习班。本次讲习班交流了包括全球变化及其影响气候变化的人为和自然强迫、区域气候变化和相关预测以及气候变化和可持续发展。

7 月 23—25 日　乜虹在格尔木市参加由科技部牵头的“特殊环境、特殊功能观测研究台站体系建设”项目的两个项目之一——国家科技基础条件平台建设子项目“大气成分本底观测研究台站体系建设”中期进展汇报会议。

8 月 15—20 日　中国气象局大气成分观测与服务中心孙俊英博士前往瓦里关山对观测系统进行修复并正常运行。

8 月 21—24 日　乜虹在北京参加由中国气象科学研究院组织召开的“2007 年国家科技基础条件平台子项目国家大气成分本底观测研究台站体系建设交流研讨会”。

9 月 17—25 日　张占峰前往浙江省杭州市临安区域大气本底污染观测站参加由中国气象科学研究院大气成分观测与服务中心组织举办的“反应性气体和气溶胶观测项目培训班”。

9 月 21—25 日　美国国家海洋和大气管理局地球系统研究实验室（NOAA/CMDL）Duane R. Kitzis 在中国气象局大气成分观测与服务中心有关人员的陪同下前往瓦里关山，进行多级混合标准气高压配气系统维护维修和培训交流。

10 月 28 日—11 月 1 日　乜虹参加由世界气象组织在韩国首尔召开的第 11 次 Brewer 臭氧光谱仪用户学术会议。

11 月 1 日　德力格尔在北京参加由中国气象局召开的全国大气本底台站评估会，对我国大气本底 1+3 台站运行情况进行评估。

11 月 4 日　中国气象局大气成分观测与服务中心副主任张晓春来台指导并对部分仪器进行检查、维修。

12 月 4—8 日　季军在北京地区参加 Brewer 系统学习班。在学习班上初步确定本底台为西藏 Brewer 系统的技术指导单位。

12 月 6 日　青海省气象学会发文（青气会发〔2007〕22 号）通知，组建大气成分委员会（挂靠本底台）的学科委员会，主任：德力格尔，副主任：赵玉成，委员：乜虹、祁栋林、杨英莲、刘鹏，秘书：赵玉成。

12 月 23—24 日　中国气象局大气成分观测与服务中心郑向东博士来台进行 UVB 标定及仪器校准。

12 月 24 日　德力格尔赴上海参加国家野外科学试验站年终总结会。

2008 年

1 月 11 日　中共海南藏族自治州委副书记王进与州委常委、组织部部长杜成忠，人大常委会副主任侃卓嘉，副州长娄仲毅，政协副主席徐维恭以及有关部门领导，专程前往瓦里关本底台慰问值班职工。青海省气象局党组纪检组组长郑建国陪同前往。

1 月 16 日　南京信息工程大学校长李廉水在青海省气象局局长陈晓光陪同下，考察了瓦里关本底台。李校长表示，尽快开展与本底台达成的各项合作协议，高标准设计科研项目，充分利用好瓦里关的重要观测数据，瞄准世界前沿开展科学研究。

1 月 22 日　成都信息工程学院院长周定文等一行前往瓦里关基地调研参观。

1 月 23 日　黄建青获“青海省气象局 2007 年度先进个人”荣誉称号。

3 月 18 日　张国庆被任命为本底台副台长。

3 月 30 日—4 月 2 日　根据中国气象局与加拿大气象局签署的“在瓦里关开展大气持久性有机污染物采样观测”项目的需要，中国气象局大气成分观测与服务中心工作人员和加拿大专家前往瓦里关山业务基地安装 POPs 采样设备及进行人员培训。

4 月 8 日　张国庆被授予 2006 年度青海省气象局科学技术工作奖。

4 月 8—13 日　中国气象局大气成分观测与服务中心副主任张晓春等前往瓦里关山，检修气相色谱系统、一氧化碳气相色谱系统等部分仪器和仪器系统的升级改造。

6 月 18 日　由中国气象局培训中心举办的“气候及气候变化国际培训班”，来自 30 多个亚非发展中国家一行 45 人，在青海省气象局考察期间，专程前往瓦里关山业务基地考察，对中国在气候变化方面开展的各项监测和研究工作给予高度评价。

7 月 5 日　中国气象局第九期处级干部综合培训班一行 19 人在青海省气象局进行调研期间，前往瓦里关山业务基地参观。

8 月 7—9 日　张国庆在哈尔滨参加由中国气象局监测网络司组织召开的大气本底台（站）工作会议。研究讨论中国气象局大气本底观测业务化运行方案等事宜。

9 月 10 日　王剑琼取得气象工程中级专业技术职务任职资格。任职资格时间起自 2008 年 8 月。

9 月 16 日　乜虹、蔡永祥在杭州参加由科技部国家科技基地平台建设“特殊环境、特殊功能台站监测研究体系建设”项目进展检查会。

9 月 25—27 日　法国工程师前往瓦里关山业务基地对业务人员进行太阳光度计标定培训，实地考察瓦里关全球大气本底站的定标环境。

10 月 10 日　祁栋林经中国气象科学研究院推荐，国家海洋局基地考察办公室批准，被确定为参加中国第 25 次南极科学考察正式度夏（中山站）的队员。2008 年 10 月 20 日将在上海港搭乘“雪龙”号船起航赴南极中山站考察。考察时间为 2008 年 10 月 20 日—2009 年 4 月 20 日。主要承担大气成分观测、臭氧标定及气瓶采样等任务。

11 月 20 日　张占峰经中国气象科学研究院推荐，经过预选体检、冬季训练、岗位技术考核、心理测试等综合考评情况后，国家海洋局基地考察办公室批准，被确定为参加中国第 25 次南极科学考察正式越冬（中山站）队员，主要承担大气成分观测、臭氧标定及气瓶采样等任务。时间为 2008 年 11 月 20 日—2010 年 4 月 20 日。2008 年 11 月 20 日将在上海港搭乘“雪龙”号船起航赴南极中山站考察。这是本底台自 1997 年以来，第 5 次选派专业技术人员参加南极科学考察工作。

2009 年

1 月 11—15 日　根据中加双边合作协议项目“全国大气观测 - 温室气体长期观测及碳循环研究”，加拿大气象局 Doug Worthy、Robert KessIer、Senen Racki 三位专家在中国气象局大气成分观测与服务中心工作人员陪同下，对瓦里关本底台的高精度在线观测系统进行软硬件调试、系统集成和优化等工作。

1 月 17 日　刘鹏获“青海省气象部门 2008 年度先进个人”荣誉称号。

3 月 13 日　根据中国气象局批复（气发〔2009〕42 号），青海省气象局决定成立青海省大气成分中心（青气发〔2009〕22 号），与本底台实行一个机构、两块牌子，主要工作任务为围绕地方经济社会发展开展大气成分监测、大气成分科学研究和实验；引进、开发为地方服务的新技术新方法，开发大气成分预报服务产品；指导省内气象台站的大气成分科研和业务，培养人才；向地方申报科研课题，开展与省内科研、大学等单位的大气成分技术与科研合作。

6 月 16 日　在北京召开的我国首届野外科技会议上，本底台获得“全国野外科技工作先进集体”称号。

6 月 22—26 日　瑞士世界标校中心专家 Christoph Zeiiweger 博士和 Jorg Kiausen 博士在中国气象局大气成分观测与服务中心有关人员的陪同下前往瓦里关山，对本底台实施现场观测质量督察。

7 月 15 日　青海省气象局发文（青气发〔2009〕80 号），核增人员编制 2 人，用于基本业务岗位。本底台人员编制由原来的 18 名增加为 20 名。

9 月 7—10 日　张国庆参加在德国召开的世界气象组织 / 国际原子能机构第 15 届二氧化碳等温室气体及相关微量成分测量技术专家会议。

12 月 2 日　祁栋林被聘任为中国气象局第五任全国气象观测业务检查大气成分观测业务检查员，任期为 2010 年 1 月 1 日至 2012 年 12 月 31 日。

2010 年

1 月 10 日　王剑琼获“青海省气象部门 2009 年度先进个人”荣誉称号。

1 月 14 日　乜虹挂职任海南藏族自治州气象局局长助理。挂职时间为 2010 年 1 月至 2011 年 1 月。

2 月 4 日　中国气象局副局长宇如聪一行前往中国大气本底基准观象台慰问调研，宇如聪副局长指出，目前气候变化是国际上的热点问题，本底台做了很多具有前瞻性的工作，为我国争取外交话语权提供了科学依据，今后要逐步完善管理、业务运行机制，加大人才培养和人才引进力度，要保护好气象探测环境。

5 月 1 日　符春阁退休。

5 月　制作并发布了《2009 年度青海省酸雨监测公报》。

8 月 31 日　完成 PICARRO-G1302 系统的安装调试、数据上传调试工作，监测

要素为 CO/CO_2。

9 月 12—30 日　张国庆、刘鹏赴美国参加温室气体学习和强化培训。

10 月 13 日　祁栋林调至青海省气象科学研究所。

10 月 15 日　“温室气体监测系统配套基础设施建设”项目竣工验收。

12 月　制作发布《2009 年度大气本底监测与评估公报》。

2010 年　完成玉树、玛沁、同仁、共和、格尔木、德令哈、海北、平安、西宁、民和大气颗粒物浓度观测站建设。

2010 年　完成玉树、玛沁、同仁、共和、格尔木、托托河、德令哈、海北、平安、西宁 UV-B 辐射观测站的建设。

2010 年　完成西宁和民和大气成分综合观测站的建设，观测项目有：大气二氧化碳、一氧化碳、地面臭氧、黑碳气溶胶、二氧化硫、氮氧化物。

2010 年　完成青海省大气化学分析实验室的建设及设备安装，主要分析设备有：ICS-1000 型离子色谱分析仪、S2 型原子吸收光谱仪、原子荧光光谱仪、紫外分光光度计。以上设备可检测降水样品中的 Ag^+、K^+、NH_4^+、Na^+、Mg^{2+}、Ca^{2+} 阳离子和 F^-、Cl^-、NO_2^-、NO_3^-、SO_4^{2-} 阴离子，还可检测大气总悬浮颗粒物中的 F^-、Cl^-、NO_3^-、SO_4^{2-} 离子。

2010 年　完成《中国大气本底基准观象台业务考核制度》。

2011 年

1 月 12 日　乜虹调任海南藏族自治州气象局副局长。

4 月 8 日　中国气象局副局长矫梅燕到瓦里关基地参观视察。

4 月 27 日　吴昊从兴海县气象局调入本底台业务科特种监测岗位工作。

7 月 13 日　李宝鑫、王宁章分配参加业务特种监测工作。

7 月 30 日　中国科学技术协会书记处书记王春法在青海省科协副主席陈永祥及省气象局副局长王莘的陪同下前往瓦里关业务基地参观调研。

8 月 23—25 日　气溶胶世界物理标定中心德国方面督查组专家一行，到瓦里关业务基地对本底台的数据与国际比对方面进行标校，并进行系统维护与升级。

9 月 7 日　国家发展与改革委员会应对气候变化司巡视员高广生到瓦里关基地调研视察。

9月16—27日　德力格尔赴德国参加“凝结核观测仪器标定”国际会。

10月13日　王剑琼任业务科副科长，试用期一年。

12月20日　刘鹏任业务科科长，试用期一年。

2012年

4月30日—6月5日　完成瓦里关业务基地道路应急病害整治项目。

5月29日　王青川因病医治无效，于凌晨01时40分去世。

7月13日　中国工程院原副院长、国家气候变化专家委员会主任杜祥琬院士等人到瓦里关基地参观调研。

9月13日　世界气象组织主席、加拿大环境部助理副部长、加拿大气象局局长戴维·格莱姆斯以及加拿大环境部助理副部长、加拿大环境部科技局局长克伦·道兹一行5人在中国气象局副局长沈晓农的陪同下专程前往瓦里关业务基地参观考察。

11月5日　李德林参加中国第29次南极科学考察，在南极中山站开展臭氧、气溶胶、地面观测等科研任务。

12月25日　杨志立调入本底台工作。

2013年

3月13日　青海省气象局党组会议研究同意将本底台列入青海省气象部门海拔3500米至4499米高海拔地区折算工龄补贴的实施范围，其补贴对象为长期参加山上业务值守工作人员。

3月15日　空气质量预报、紫外线等级预报业务调整到本底台，核增本底台人员编制2名。

9月23日　德力格尔等编著的大型科研专著《黄河上游人工增雨试验与研究》一书由气象出版社正式出版发行。

2014年

1月1日　环境气象科开展西宁市空气质量及重污染天气预警预报、青海省空气污染气象条件指导预报业务。

4月30日　德力格尔退休。

5月14日　青海省气象局副局长孙安平来本底台检查汛期前各项准备工作。孙安平副局长指出，汛期期间瓦里关基地值班人员要安排到位，各项监测项目要做好备件备份，基地道路要保障通畅，保障好人员及基地安全。要做好空气质量、污染气象及紫外线强度预报的及时、准确，随时注意发布重污染天气预警预报。

7月14日　人力资源和社会保障部事业单位人事管理司副司长王瑞到本底台调研。

7月16日　科技部基础研究司副司长曹国英来本底台调研。曹国英对瓦里关作为科技部优秀的国家野外科学观测研究站的工作给予肯定，并了解了瓦里关参与的国家“973”子项目和承担的国家自然科学基金项目，特别是科研实力和科技计划管理流程等方面进行了深入探讨。

8月9日　中国气象局综合观测司副司长李麟一行到青海省调研指导大气成分观测业务。

9月22日　本底台举办建台二十周年庆祝活动。邀请中国气象科学研究院专家孙俊英、周凌晞做报告，并与大家进行学术交流。

11月17日　全国温室气体集中高压配气工作首次在青海完成。所压制的标准气能够满足全国7个本底站温室气体实验室的工作需要，可以为国内所有本底站的仪器进行标定，为我国温室气体监测工作的顺利开展奠定基础。

2015年

1月28日　张占峰获得“青海省气象局2014年度先进个人”称号。

1月28日　刘鹏挂职任青海省气象局人事处处长助理，挂职时间为2015年2月至2016年1月。

1月28日　本底台获得2014年全省气象部门综合考评业务类优秀达标单位。

2月16日　青海省气象局副局长李凤霞一行看望慰问基层气象台站职工。

3月15日　刘鹏取得气象高级工程师任职资格，任职资格自2014年11月26日起计算。

4月17日　由本底台承担的青海湖流域生态环境保护区人工增雨工程综合监测系统中“大气颗粒物浓度监测设备”进行招标，该项目于2015年底建设完成。

5月23日　德力格尔研究员和他率领的温室气体本底浓度观测队伍获周光召

基金会气象科学奖（团队）。5月25日德力格尔作为获奖团队代表，受邀参加在清华大学举办的“周光召基金会获奖者清华论坛”，为清华师生做学术报告。

5月25日　青海省环境气象科技创新团队入选青海省气象局创新团队。

7月8日　德国国家气象局局长等一行3人在青海省气象局局长孙安平的陪同下赴瓦里关业务基地考察。

7月20日　青海省原省长宋瑞祥参观瓦里关业务基地并题词。

7月24日　娄海萍调至本底台，任办公室主任。

7月31日　本底台承担西宁市2015年1—6月平均空气质量综合预报评分为72.65，全国排名第四，首要污染物预报准确率为75.56%，全国排名第一。许维俊副局长批示：“西宁空气质量预报取得较好成绩，祝贺相关单位和业务人员，感谢大家的辛勤工作，望再接再厉，促进我省环境气象预报服务取得更大成绩。”李凤霞副局长批示：“本底台环境气象预报质量较去年取得明显进步，成绩来之不易。望进一步总结经验，提升客观预报水平。请宣传报道。”

8月4日　张国庆任本底台台长，试用期一年。免去其担任的中国大气本底基准观象台副台长职务。

8月5日　王剑琼获“青海省气象局优秀中青年人才”称号。

8月25日　由中央国家机关团工委组织的“根在基层·青春担当”—2015年中央国家青年干部调研团到瓦里关基地开展调研，实地调研气象行业大气成分观测发展情况。

11月18日　刘鹏在黑龙江参加中国气象局综合观测司组织召开的大气本底站业务技术交流会。

12月29日　刘鹏任本底台副台长，试用期一年。

2016年

2月4日　青海湖流域生态环境保护与综合治理人工增雨工程大气成分监测设备采购“大气颗粒物浓度监测项目”建设完成并通过验收，2016年3月1日起已建8个大气成分站点监测的$PM_{2.5}$小时平均数据应用于青海省空气质量预报和重污染天气预警预报业务和中国气象局每日两次（06时、18时）向国务院汇报的全国“环境气象公报”中。

4 月 15 日　瓦里关山业务基地道路修缮项目立项批复，投资金额 323 万元。

4 月 25 日　张国庆聘任兼任大气成分分析（大气环境研究方向）专业技术三级岗位。

4 月 28 日　张占峰取得气象高级工程师任职资格。任职资格自 2015 年 12 月 11 日起计算。

5 月 12 日　青海湖流域生态环境保护与综合治理人工增雨工程大气成分监测设备采购“在线气溶胶质量浓度及数浓度分析仪”项目于 2016 年 5 月建设完成并通过验收，监测的每 5 分钟的（PM_{10}、$PM_{2.5}$、$PM_{1.0}$）数据定时向青海省气象局信息中心上传。

5 月 18 日　王剑琼任本底台业务监测科科长，试用期一年。

5 月 23 日　本底台与南京信息工程大学环境科学与工程学院签订就业创业基地建设协议，并在瓦里关业务基地正式挂牌。

6 月 3 日　吴昊获得“青海省气象局优秀中青年人才”称号。

6 月 29 日　在“青海省气象局纪念建党 95 周年红军长征胜利 80 周年职工歌咏比赛”中，本底台和核算中心联合组队取得二等奖。

8 月 6—9 日　瓦里关山业务基地 TEOM-1405DF 颗粒物监测系统完成安装调试。

8 月 11 日　《山洪地质灾害防治气象保障工程 2016 年国家级台站新型自动气象站及称重式降水建设项目可行性研究报告》通过立项批复，项目投资 26.8 万元。

9 月 2—6 日　瑞士联邦材料科技研究室 Christoph Zellweger 博士和 Michael Müller 博士一行赴本底台进行现场观测质量督察。

9 月 19 日　黑龙江省气象局党组书记、局长杨卫东，黑龙江省人大法制委副主任、常委会法工委主任时鹏远一行前往瓦里关本底台参观调研，并题词“向瓦里关本底站的各位同事表示崇高的敬意”。

9 月 26—30 日　韩国气象厅气候科学局局长 Chung Junseok 博士及环境气象监测相关人员参观访问瓦里关本底站。

10 月 27—29 日　中国气象局、科技部基础研究司组织 7 个国家级媒体采访荣获科技部基础研究司“最美科技人员”宣传典型人物——本底台王剑琼先进事迹。这是 2016 年中国气象局科技司经评选后推荐本底台王剑琼参与并获此殊荣。

11 月 1 日起　新增城市（西宁市）环境气象服务产品发布任务。每日发布西宁市（08—08 时）、（20—20 时）空气污染气象条件预报和空气质量预报服务产品。

12 月 13 日　制定并下发《中国大气本底基准观象台“三重一大”事项决策制度》。

12 月 14 日　本底台承担的中国气象局业务建设项目“京津冀、长三角及珠三角环境气象预报预警服务系统建设（空气污染气象条件预报系统子系统）”2014 年小型业务建设子项目“青海省空气污染气象条件预报系统”通过验收。

12 月 19 日　调整增加本底台事业编制 4 个，用于环境气象预报业务岗位。

2017 年

1 月 17 日　李宝鑫评为青海省气象部门 2016 年度先进个人。

1 月 18 日　王剑琼取得气象高级工程师任职资格。任职资格自 2016 年 11 月 25 日起计算。

1 月 20 日　西宁市空气质量预报业务在 2016 年度全国 35 个重点城市空气质量预报考核结果为：首要污染物预报准确率排名第一，空气质量预报综合评分为第二名，得到青海省气象局相关领导的好评。

2 月 17 日　中国气象局副局长许小峰赴瓦里关业务基地视察。

3 月 27 日　《本底台机构编制调整设置方案》经青海省气象局审核批准，核定国家气象系统人员编制 26 名。

5 月 17 日　海南藏族自治州共和县统战部、政协及公安等部门单位一行人员赴瓦里关业务基地就探测环境保护事宜开展视察调研。

5 月 24 日　青海省民族宗教委员会一行就瓦里关业务基地探测环境保护事宜上山实地调研。

6 月 22—24 日　经青海省气象局和海南藏族自治州政府部门、省民族宗教委员会等协商调解，严格控制宗教活动范围，采取拆除乱搭乱建经幡杆和设置路障等措施。标志着瓦里关本底台探测环境保护工作迈出了重要的一步。

7 月 11 日　青海省气象局副局长许维俊陪同中国气象局综合观测司助理李社宏一行上山调研。

7 月 12 日　宁夏回族自治区气象局副局长王建林一行前往瓦里关业务基地

调研。

7月18日　本底台环境气象业务整体划转到青海省气象台，核减本底台人员编制8名。杨英莲、张占峰、甘璐、谈昌蓉调整至省气象台环境科工作。

7月20日　中国气象局局长刘雅鸣、青海省副省长严金海等前往瓦里关业务基地调研慰问。

8月8—11日　中国气象局气象探测中心派员对瓦里关站温室气体设备和反应性气体设备进行年度巡检。

9月12日　气象高空观测设备更新购置项目——瓦里关本底站业务环境改造项目完成竞争性谈判、合同签订工作。

9月25日　王剑琼入选青海省气象局第一届青年骨干人才人选。

9月30日　山洪地质灾害防治气象保障工程国家级台站新型自动气象站建设项目——瓦里关站新型自动站建设完成。

10月10日　本底台报废业务专用设备资产价值1759005元。

2018年

1月8日　本底台选举产生新一届工会委员会，王宁章为工会主席，东元祯为组织委员，李明为宣传委员。

1月9日　修订下发《本底台工作规则》。

1月24日　赵玉成获得青海省气象部门2017年度先进个人荣誉。

1月31日　青海省气象局关于下达2018年中央预算内基本建设项目投资计划（第一批），本底台观测系统核心设备更新项目投资145万元。

3月22日　青海省气象局下达山洪地质灾害防治气象保障工程2018年中央预算内基本建设项目投资计划——本底台大气本底站建设（瓦里关山），投资151万元。

3月23日　印发《中国大气本底基准观象台出差管理细则》。

5月8日　本底台部分环境气象业务用固定资产共计11件，资产总计151995.25元，无偿调拨至青海省气象台。

6月6日　青海省气象局组织召开中国气象局瓦里关大气本底野外科学试验基地授牌仪式暨工作研讨会。

6月22日　娄海萍获2017年度青海省气象局优秀共产党员荣誉。

7月9—11日　本底台在西宁组织召开国家科技基础条件平台2018年度中期进展研讨会。会议邀请中国气象局科技与预报司、中国气象局气象探测中心大气成分室、中国气象科学研究院、各区域本底站、青海省气象局预报处、观测处等单位参加。

7月12日　王宁章被任命为本底台业务监测科副科长，兼办公室副主任，试用期一年。

7月13日　致公党副主席曹鸿鸣一行赴瓦里关业务基地调研。

7月23日　中国气象局党组成员、副局长矫梅燕一行到瓦里关基地调研，并题词:“世界观测网一员，中国气象的窗口，为全球大气科学做出新贡献。”

8月8—11日　中国气象局气象探测中心对瓦里关站温室气体设备和反应性气体设备进行年度巡检。

8月28日　印发《关于进一步规范业务监测科夜间值班补助发放的通知》。

10月23日　印发中国大气本底基准观象台《公务接待管理实施细则》《公务用车管理实施细则》《财务管理实施细则》《会议管理办法》《关于加强职工办理出差、请假网上审批管理的通知》《职工考勤制度》《中国大气本底基准观象台培训管理办法》《业务人员考核办法》。

11月15日　印发《中国大气本底基准观象台党内监督制度》《人事管理办法》《职工安全管理规定》《退休职工管理办法》《主体约谈制度》《中国大气本底基准观象台领导干部能上能下实施细则》。

11月29日　印发《中国大气本底基准观象台请销假管理细则》。

12月4日　张国庆被聘任为青海瓦里关大气成分本底国家野外科学观测研究站站长。聘用时间从2015年7月24日起计算，聘期为五年。

12月12日　赵玉成取得正高级工程师任职资格。任职资格自2018年11月27日开始计算。

2019年

1月17日　青海省气象局下达2019年中央预算内基本建设项目投资计划（第二批），本底台瓦里关业务基地山洪配套设施建设项目批复总投资980万元。

1月21日　印发《本底台“一月一论”专题业务学习讨论会议的实施方案（试行）》，并自2019年1月开始运行。

1月22日　李明获得“青海省气象部门2018年度先进个人”表彰。

3月1日　青海省气象局下达2019年中央预算内基本建设项目投资计划（第一批），本底台获批综合观测设备更新购置项目投资52.25万元。

3月8日　本底台新增业务科（野外基地管理办公室），业务监测科更名大气本底监测科。业务科核定国家气象系统事业编制3名。

3月9日　中共青海省委宣传部授予东元祯“岗位学雷锋标兵”称号。

3月25日　“青海瓦里关黑碳气溶胶数据处理及分析和应用”项目获中国气象局气候变化专项批准立项，批复项目经费10万元。

4月1—2日　国土资源部宣教中心《碳循环解密》摄制组赴瓦里关本底站拍摄科普纪录片。

5月6日　王剑琼在“青春心向党、建功新时代”全国气象部门优秀青年（集体）风采展示活动中作为全国气象部门优秀青年代表发言。

5月10日　李宝鑫任本底台业务科（野外基地管理办公室）副科长，试用期一年。

6月16日　刘鹏获得青海省气象局2018年度优秀共产党员表彰。

6月17日　本底台对综合观测设备更新购置项目——大气本底站设备更新项目实施竞争性谈判。

8月6—8日　阿克达拉区域本底站黄有志、王定定、邓凌峰赴瓦里关业务基地学习交流。

8月8日　李明、黄建青、王宁章、娄海萍获得2018年事业单位工作人员嘉奖。

8月19日　本底台山洪配套设施建设项目“6 kV龙四路改造工程”施工招标完成，中标单位为青海杭氏电力工程有限公司。

8月20—23日　中国气象局气象探测中心对本底台年度业务巡检和指导。

8月21—23日　赵玉成参加第六届中国科学数据大会，并在数据工程防灾减灾峰会上以《瓦里关黑碳气溶胶数据处理与分析》为题做了报告。

9月2日　由中国气象局、生态环境部、自然资源部、农业农村部、国家林业和草原局及国家发改委等部门组成的中央直属单位环境保护调研组赴海南藏族自治州瓦里关山开展调研活动。

9 月 2 日　本底台与中央民族大学生命与环境科学学院签订协议书，合作共建“中央民族大学生环学院瓦里关实习基地”。

9 月 9—11 日　中国气象局气象探测中心大气成分室张勇一行 7 人赴瓦里关本底站开展业务技术交流。

9 月 16 日　中国气象局气象探测中心与青海省气象局、本底台签订合作框架协议，积极开展人才交流、科技合作与科研成果转化，建立数据开发共享机制。

9 月 26 日　本底台山洪配套设施建设项目——业务用房项目的施工方招标，确定中标单位为青海美苑园林建筑有限公司。

9 月 30 日　东元祯取得由中国质量认证中心青海评审中心颁发的《管理体系内审员证书》，有效期至 2022 年 9 月。

10 月 30—31 日　北京市气象局京津冀环境气象预报预警中心副主任权维俊一行 4 人赴瓦里关本底站业务调研。

11 月 14 日　青海省人民政府新闻办公室召开本底台建台 25 周年新闻发布会，中国气象局综合观测司副司长孙景兰、科技与气候变化司副司长袁佳双、青海省气象局副局长高顺年回答记者提问。

11 月 16 日　本底台建台 25 周年座谈会在海南藏族自治州共和县召开。青海省委副书记、省长刘宁，中国气象局党组书记、局长刘雅鸣，世界气象组织助理秘书长张文建分别讲话。青海省委常委、副省长严金海致辞，中国工程院院士徐祥德发言，中国工程院院士、国家气候变化专家委员会名誉主任杜祥琬发来贺信。会前，刘宁、刘雅鸣、张文建、严金海前往本底台调研并慰问干部职工，参观本底台建台 25 周年成果展，观看专题宣传片。

12 月 18 日　瓦里关基地山洪配套设施建设项目“6kV 龙四路改造工程”竣工验收。

2020 年

1 月 19 日　青海省气象局党组书记、局长白海，党组成员、副局长许维俊，党组成员、纪检组组长陶建到本底台慰问工作。

1 月 19 日　娄海萍获得 2019 年度全省气象先进个人表彰。

2 月 17 日　青海省气象局决定成立本底台学术委员会。

3月10日　本底台表彰2019年事业单位工作人员和集体：大气本底监测科集体嘉奖，王宁章记功，刘鹏、东元祯获嘉奖。

4月30日　大气本底监测科获得共青团青海省委、青海省青年联合会联合表彰的第23届“青海青年五四奖章”集体荣誉。

6月8日　印发《中国大气本底基准观象台办公用品管理办法（试行）》《中国大气本底基准观象台印章管理办法（试行）》。

6月23日　青海省气象局副局长许维俊一行赴本底台瓦里关基地业务用房项目施工现场进行工程检查。

7月24日　青海省气象局下达2020年中央预算内基本建设项目投资计划（第二批）——瓦里关大气本底基准观象台配套设施建设项目，项目总投资750万元，2020年投资378万元。

8月6日　青海省气象局党组成员、纪检组组长陶建为本底台党员干部和入党积极分子讲党课。

8月19日　印发《中国大气本底基准观象台出入库管理办法》。

11月3日　青海省气象局核定本底台事业编制21名；其中正处级领导职数1名，副处级领导职数2名，正科级领导职数3名，副科级领导职数1名。大气本底监测科更名为大气本底监测站。

2021年

1月12日　瓦里关基地山洪配套设施建设项目——业务用房项目竣工验收。

1月22日　李宝鑫获2020年度全省气象先进个人表彰。

1月28日　青海省气象局党组纪检组组长陶建、青海省气象局第三督导组成员列席参加本底台2020年度党员领导干部民主生活会。

3月4—15日　瓦里关本底台完成观测设备搬迁、调试工作。

3月9日　青海瓦里关本底台参加世界气象组织全球大气观测计划（WMO/GAW）由美国国家海洋和大气管理局（NOAA）承担的温室气体世界标校中心（WCC）第七届全球温室气体巡回比对活动。

3月24日　中国气象局党组书记、局长庄国泰在青海省副省长刘超陪同下前往瓦里关中国大气本底基准观象台慰问调研。

3 月 26 日　王剑琼、黄建青、何发祥获 2020 年事业单位工作人员嘉奖。

4 月 12 日　赵玉成退休，办理退休手续。

4 月 22 日　吴昊调出。

5 月 22—24 日　刘鹏赴武汉参加中国气象局科技与气候变化司组织举办的武汉“2021 年气象科技活动周”活动，本底台投稿的参展项目成功展示。

5 月 31 日—6 月 1 日　中国气象局气象探测中心在青海西宁组织召开大气本底站业务技术交流会暨 2021 年业务质量检查启动会，本底台协助承办会议。中国气象局综合观测司运行管理处领导、中国气象局气象探测中心副主任李麟、青海省气象局副局长许维俊，北京、浙江、黑龙江、云南、湖北、新疆等 7 个省级气象局业务管理人员及本底站业务技术骨干共计 36 人参加会议。

6 月 18 日　青海省气象局设立中国气象局温室气体及碳中和监测评估中心青海基准分中心，中心依托本底台，科技与预报处牵头，日常工作由依托单位负责。

6 月 29 日　娄海萍获青海省气象局庆祝中国共产党成立 100 周年全省气象部门优秀共产党员表彰。

7 月 19 日　本底台接收国家事业编制高校毕业生杨昊、时闻、央金拉姆。

7 月 23 日　青海省气象局 2021 年中央预算内投资计划（第二批），瓦里关本底台配套设施建设项目获投资计划 372 万元。

8 月 5 日　王剑琼入选 2021 年度青海气象高层次科技创新人才—科技骨干人才，李宝鑫入选青年气象英才。

8 月 12 日　关晓军任本底台副台长，试用期一年；免去刘鹏的本底台副台长职务。

8 月 24 日　全国政协“加强青藏高原生态环境保护与气候变化适应”重点提案督办协商会在中国气象局召开。中共中央政治局常委、全国政协主席汪洋主持会议并讲话。协商会上，中国气象科学研究院有关同志在青海省瓦里关本底台通过视频连线方式向大会介绍情况。青海省气象局党组书记、局长李凤霞，党组成员、副局长高顺年现场指导连线，青海省气象局相关职能处室、青海省气象信息中心、瓦里关本底台等单位配合完成。

9 月 12 日　科技部党组成员、副部长李萌一行在青海省政府副秘书长谢宏敏、青海省气象局局长李凤霞以及海南藏族自治州州长尕玛朋措等的陪同下，到本底台针对科技部野外试验基地运行情况开展调研。

9 月 13 日　《中国大气本底基准观象台“十四五”业务发展规划》通过青海省气象局组织相关专家的论证。

10 月 20 日　朱庆斌、黄建青、季军获“基层气象工作 30 年纪念章”。

10 月 26 日　青海省副省长张黎一行在青海省气象局党组书记、局长李凤霞，海南藏族自治州副州长王学军陪同下前往瓦里关本底台调研指导慰问。

11 月 16 日　本底台试验基地用房（建筑面积 581.19 平方米，账面原值 286.89 万元）报废处置。

12 月 1 日　青海省气象局党组成员、纪检组组长陶建赴本底台了解支部建设和党的十九届六中全会精神学习情况，宣讲党的十九届六中全会精神。

12 月 29 日　王剑琼挂职任青海省气象局科技与预报处（气候变化处）二级主任科员。

2022 年

1 月 21 日　王宁章获得 2021 年度青海省气象局“全省气象先进个人”表彰。

2 月 28 日　黄志凤家庭获得青海省气象局“五好文明家庭”，娄海萍获得优秀妇女干部表彰。

3 月 8 日　青海省气象局党组成员、副局长许维俊一行听取本底台在全面推进从严治党、党建与业务融合、推动现代化建设、科技创新及推进重点建设项目、加强数据及网络安全管理、全面提升综合管理水平等方面的工作汇报。

3 月 24 日　王剑琼、黄志凤、李宝鑫获 2021 年事业单位工作人员嘉奖。

4 月 14 日　张国庆被免去本底台台长职务，转任青海省气象灾害防御技术中心总工程师。

4 月 24 日　李富刚任本底台台长，试用期一年。

5 月 19 日　时闻、李德林获青海省气象局办公室疫情防控优秀个人表扬。

6 月 9 日　海南藏族自治州副州长钱国庆一行赴瓦里关本底台调研，慰问业务值班人员，并提出各部门要加强沟通，积极改善本底台道路交通建设状况，做好探测环境保护工作。

6 月 15 日　青海省司法厅党组成员、副厅长孙青海一行在青海省气象局党组成员、副局长李林的陪同下，赴瓦里关本底台就《青海省瓦里关本底台探测环境和设施保护办法》立法开展现场调研。

6月24日　王剑琼获得青海省气象局2021年度优秀共产党员表彰。

7月20日　青海省气象局党组成员、纪检组组长陶建一行在瓦里关山业务基地出席本底台作风建设年专题民主生活会。

7月25日　本底台接收国家事业编制高校毕业生胡成戎。

8月1日　本底台核增事业编制5名，调整后核定事业编制共计26名。核增管理七级岗位1个；专业技术五级、七级、八级和九级岗位各1个。新增科室是温室气体监测评估中心。

8月5日　王宁章入选2022年度青海气象高层次科技创新人才——青年气象英才。

8月10—12日　中国气象局气象探测中心检查组赴瓦里关开展2022年度国家大气本底站观测业务检查。

8月23日　李明到中国气象局气象探测中心进行访问进修。访问时间为2022年9月至2023年2月。

9月19日　印发《中国大气本底基准观象台工作规则》。

10月8日　李红梅调入任温室气体监测评估中心主任。

10月8日　印发《“三重一大”事项决策工作实施细则》。

10月10日　罗昌娟调入本底台。

10月12日　全球大气本底与青藏高原大数据应用中心科技创新平台成立建设领导小组，李富刚任常务副主任。

10月30日　本底台发布第一期《青海省温室气体监测公报》。

11月15日　青海省气象局党组成员、纪检组组长陶建赴本底台宣讲党的二十大精神。

11月16日　“青海省气象局温室气体及碳中和监测评估关键技术研发团队”入选新一轮青海省气象局创新团队，负责人李富刚。

11月25日　黄建青获得气象专业工程系列高级工程师任职资格。任职资格自2022年11月13日起计算。任磊、杨志立获得气象专业工程系列工程师任职资格。任职资格自2022年10月21日起计算。

12 月 14 日　本底台牵头申报的“青海省温室气体及碳中和重点实验室”入选2022 年青海省新建省级重点实验室。

2023 年

1 月 3 日　朱生翠和郭春晔调入本底台。

1 月 13 日　瓦里关本底台配套设施建设（新建生活用房）项目竣工验收。

1 月 16 日　李明获中国气象局气象探测中心疫情防控工作表彰。

1 月 18 日　青海省气象局党组成员、副局长李林代表青海省气象局党组慰问本底台全体职工。

2 月 3 日　李红梅 2022 年度正高级专业技术岗位考核为优秀等次。

2 月 14 日　青海省气象局党组成员、纪检组组长陶建到会指导本底台领导干部民主生活会。

2 月 20 日　娄海萍获“青海省气象局 2022 年度先进个人”。

2 月 22 日　处级领导班子 2022 年度考核结果为优秀等次。

2 月 24 日　季军获得青海省气象局“五好文明家庭”表彰。

3 月 1 日《2022 年青海省温室气体监测公报》被青海省政府政务信息选用，并得到青海省委常委、副省长才让太批示。

3 月 7 日　关晓军、李德林、罗文昭、央金拉姆获得 2022 年事业单位工作人员嘉奖。

3 月 24 日　印发《中国大气本底基准观象台台长接待日制度》。

4 月 1 日　王宁章前往中国气象局气象探测中心挂职，为期半年。

4 月 7 日　任磊获青海省气象局 2022 年度优秀工会会员表彰。

4 月 8 日　中国气象局科技与气候变化司司长熊绍员一行前往本底台瓦里关业务基地调研，青海省气象局党组成员、副局长高顺年和相关处室负责同志陪同调研。

4 月 11 日　印发《推进高质量发展三年行动（2023—2025）实施方案》。

4 月 12 日　印发《中国大气本底基准观象台自立科研项目管理办法（试行）》。

4 月 24 日　李富刚聘任为中国气象局瓦里关大气本底野外科学试验基地主任，聘用时间从 2023 年 1 月 1 日起计算，聘期五年。

5 月 4 日　印发《大气本底监测站安全管理制度（试行）》和《大气本底监测站

瓦里关业务试验基地配电房安全管理制度（试行）》。

6月6日　王宁章、李明、任磊入选中国气象局大气本底和温室气体观测技术专家团队。

6月8日　瓦里关基地附属设施建设项目获得批复，总投资958.00万元，其中2023年投资计划580.00万元。

6月12日　《2023年省财政支农专项瓦里关气象科普宣传能力提升项目实施方案》获批复，项目投资15万元。

6月14日　李德林被选派至海东市化隆县阿什努乡羊隆村驻村工作队队员。

6月26日　王宁章获得2022年度优秀共产党员。

7月2—5日　由中国气象局气象探测中心组成的2023年度国家大气本底站观测业务检查组赴本底台完成全面业务质量巡检。

7月8日　第32次全国酸雨观测质量样品考核结果，瓦里关国家大气本底站酸雨观测质量全部获得“优秀”等次。

7月13日　青海省气象局党组书记、局长李凤霞，党组成员、副局长高顺年听取本底台工作汇报。李凤霞肯定了本底台近两年围绕服务国家、服务地方、服务双碳等方面所做的成绩，要求本底台加快科技创新推动转型发展。

7月16日　本底台接收国家事业编制高校毕业生贾莹珠。

7月17日　杨志立退休，办理退休手续。

7月27日　青海省委组织部副部长、省委人才办主任徐小兵，省总工会党组书记、常务副主席王敬斋分别带队专程到瓦里关本底台开展调研工作，并送上慰问金、慰问品及鲜花，亲切慰问一线气象科研人员。青海省气象局党组书记、局长李凤霞陪同调研慰问。

7月28日　胡成戎任职资格认定为气象工程系列助理工程师。

7月29日　青海省委常委、组织部部长赵月霞赴海拔3816米的瓦里关本底台慰问一线气象科研人员。

8月8日　全球大气本底与青藏高原大数据应用中心科创平台成立大会暨青藏高原碳与气候变化监测联盟发起仪式在青海省西宁市举行。青海省委常委、副省长才让太出席会议并致辞。中国工程院院士、政府间气候变化专门委员会（IPCC）第一工作组联合主席、中国气象局温室气体及碳中和监测评估中心主任张小曳受邀参会并作应对气候变化专题报告。来自全国相关气象行业、科研院所、高校及省内相关厅局等90多名领导及专家以线上线下方式参加会议。

8月8日　全球大气本底与青藏高原大数据应用中心科技创新平台召开第一届学术委员会会议。会议选举中国工程院院士张小曳任学术委员会主任委员，中国气象科学研究院副院长、研究员车慧正，青海省气象局党组书记、局长李凤霞任副主任委员，中国气象局政策法规司副司长李林（挂职）任学术委员会秘书长。

8月17日　李红梅聘任为青海省温室气体及碳中和重点实验室主任，聘期从2023年1月至2025年12月。

8月17日　任磊、王剑琼《新型碳质气溶胶（OC/EC）观测方法的应用效果分析》获得青海省气象学会2023年优秀气象学术论文一等奖。

8月20日　《气象科技进展》2023年第13卷第4期——青藏高原碳与气候变化监测专刊正式刊发，本底台发稿5篇。

8月31日　青海气象领军人才李红梅期满考核为合格等次，科技骨干人才王剑琼期满考核为优秀等次。

9月6日　青海省委书记、省人大常委会主任陈刚在《中国大气本底基准观象台瓦里关全球大气本底站基本情况》上作重要批示。

9月6日　本底台入选首批“两弹一星”精神传承基地。王剑琼在以“传承·奉献·创新——致敬科技先辈，致力智地双赢”为主题的传承“两弹一星”精神中国青年英才论坛主论坛上作主题发言。

9月12日　李红梅续聘2023年度青海气象高层次科技创新人才青海气象领军人才，任磊入选科技骨干人才，李明入选青年气象英才。

9月12日　李宝鑫在中共中央对外联络部及中共青海省委共同主办的“中国共产党的故事——习近平新时代中国特色社会主义思想在青海的实践”专题宣介会作故事分享。

9月25日　青海省气象局党组书记、局长李凤霞前往中国工程院拜访杜祥琬院士，就进一步发挥瓦里关本底台在全球大气本底监测中的作用深入交流。杜祥琬院士希望本底台传承精神，瞄准科技前沿创新发展。

10月2日　本底台事迹宣传片在中国科协“科普中国”栏目“时代镜像”系列节目第三季轮播推送。

10 月 7 日　温室气体卫星数据融合产品关键技术研发创新团队入选青海省气象局首批高原青年气象创新团队名单，负责人为关晓军。

10 月 10 日　时闻到中国气象局气象探测中心访问进修。访问时间为 2023 年 10 月至 2024 年 3 月。

10 月 12 日　本底台制作《传承有我，瓦里关》短视频获第三届全省气象短视频创作大赛杰出作品。

10 月 13 日　青海省政府领导在《青海政务信息（快讯第 504 期）》就青海省气象局报送本底台关于碳源汇区域差异信息专报作批示。

10 月 20 日　青海省科学技术厅党组成员、副厅长、一级巡视员许淳一行赴本底台瓦里关业务基地调研指导。

10 月 20 日　本底台《温室气体标准气压制技术规范》《温室气体观测站建站技术规范　第 1 部分：选址及观测场室要求》两项地方标准通过青海省气象标准化技术委员会审查。

10 月 31 日　青海省人大常委会副主任、海南藏族自治州州委书记吕刚，州委副书记、州长尕玛朋措及州发改、工信等部门负责同志一行赴本底台瓦里关业务基地调研指导工作。

11 月 1 日　李宝鑫在中共中央对外联络部及中共青海省委共同主办的“中国共产党的故事——习近平新时代中国特色社会主义思想在青海的实践”专题宣介会的突出表现获得中共青海省委宣传部表彰。

11 月 1 日　李富刚在青海省气象局“两弹一星”精神传承报告会上作了《传承“两弹一星”精神，勇攀科技高峰》主题宣讲。王剑琼、李宝鑫分享传承和弘扬“两弹一星”精神故事。

11 月 3 日　李明作为中国气象局高精度温室气体观测站业务准入工作专班成员赴马鞍山、黄山站指导准入测试工作。

11 月 8 日　李富刚、关晓军、李红梅、王剑琼入选首批青海省气候可行性论证评审专家库。

11 月 10 日　印发《中国大气本底基准观象台国有资产领用交回制度》和《中国大气本底基准观象台办公消耗品管理办法》。

11 月 13 日　申报《聚焦双碳战略　整合优势资源　打造全球大气本底与青藏高原

大数据应用中心国家级科技创新平台》创优工作得到青海省气象局推荐申报全国气象部门优秀管理创新工作。

11 月 13 日 《创新求变出新招，聚力应变勇开拓，科学谱写支撑国省“双碳”战略大气本底新篇章》作为青海省气象局全面深化改革推进气象高质量发展创新实践典型案例得到推荐上报。

11 月 13 日 印发《中国大气本底基准观象台一线业务人员夜间值班补助发放办法》。

11 月 14 日 青海省副省长杨志文带队赴瓦里关本底台调研安全运行情况。省政府副秘书长王述友，青海省气象局党组书记、局长李凤霞陪同调研。

11 月 14 日 李宝鑫任业务科科长，试用期一年。免去其业务科副科长职务。李明任温室气体监测评估中心副主任，试用期一年。

11 月 17 日 李宝鑫获得气象专业工程系列高级工程师任职资格，任职资格自 2023 年 10 月 26 日起计算。罗昌娟获得气象专业工程系列工程师任职资格，任职资格自 2023 年 9 月 27 日起计算。

11 月 24 日 瓦里关大气本底野外科学试验基地获得中国气象局 2023 年野外科学试验基地考核优秀等次。

12 月 4 日 青海省委书记、省人大常委会主任陈刚赴瓦里关本底台调研，强调要进一步提高站位，推进高水平科技，自立自强，进一步提升观测水平和科研能力。

12 月 5 日 何发祥退休，办理退休手续。

12 月 8 日 李富刚创新工作室荣获青海省总工会“2023 年青海省劳模（职工）创新工作室”。

12 月 13 日 海南藏族自治州副州长更登加赴瓦里关调研探测环境相关工作。

12 月 19 日 印发《保密工作制度》。

12 月 20 日 李红梅 2023 年度正高级专业技术人员岗位考核等次为优秀。

12 月 26 日 瓦里关全球大气本底台团队获评“2023 中国力量年度人物”。

12 月 28 日 《新时代瓦里关野外试验基地高质量发展问题及对策思考》调研报告获全省气象部门 2023 年调研报告优秀奖。